10 Days to a Less Distracted Child

10天培养一个「更专注」的孩子

[美] 杰弗里·伯恩斯坦
Jeffrey Bernstein

中国青年出版社
CHINA YOUTH PRESS
中青文传媒

图书在版编目(CIP)数据

10天培养一个更专注的孩子 /(美)伯恩斯坦著；张婷译.
—北京：中国青年出版社，2016.1
书名原文：10 Days to a Less Distracted Child
ISBN 978-7-5153-3946-7
Ⅰ.①1… Ⅱ.①伯… ②张… Ⅲ.①少年儿童－注意－能力培养 Ⅳ.①B844.1
中国版本图书馆CIP数据核字（2015）第268757号

10 DAYS TO A LESS DISTRACTED CHILD
by Jeffrey Bernstein, PHD

10天培养一个更专注的孩子

作　　者：[美] 杰弗里·伯恩斯坦
译　　者：张　婷
责任编辑：肖　佳　杨　迪
美术编辑：张燕楠
出　　版：中国青年出版社
发　　行：北京中青文文化传媒有限公司
电　　话：010-65511270/65516873
公司网址：www.cyb.com.cn
购书网址：zqwts.tmall.com　www.diyijie.com
制　　作：中青文制作中心
印　　刷：三河市文通印刷包装有限公司
版　　次：2016年1月第1版
印　　次：2016年1月第1次印刷
开　　本：787×1092　1/16
字　　数：14千字
印　　张：17
京权图字：01-2015-2265
书　　号：ISBN 978-7-5153-3946-7
定　　价：39.00元

10

DAYS TO A LESS DISTRACTED CHILD

目 录

10 DAYS TO A LESS DISTRACTED CHILD

前言

“10天计划”能够让孩子更专注

我想，你之所以选择阅读本书，是因为拿家里的孩子真的没办法。他们总是不能专心，记不住老师留的作业，各种小测验和考试不及格，在家里调皮捣蛋对他来说就是家常便饭，而你对此已经厌倦许久了。此外，你还担心，他这种不稳定的情绪会影响他交友。但不论你苦口婆心地重复多少遍，还是无济于事。即便你知道自己就是在唠叨没完，但也真的没有其他办法。

于是，孩子的这种分心让你既紧张又担心，但同时又觉得无能为力。你试遍了所有的惩罚招数，不论是没收他的电脑，还是取消其他的特权，甚至是不让他出门，但却都毫无作用，有时甚至适得其反。你或许还怀疑，孩子是不是有什么缺陷，还是她本身就是很懒，做什么都提不起兴致。如果这些听起来很耳熟，那么我可以向你保证，不只你一个人遇到了这种情况。还有许许多多的家长和你一样，都在孩子的专注问题上感到苦恼不已，不知如何去了解和解决问题。

我很理解你，注意力不集中的孩子是很难管教的。但当你阅读了本书的“第一天”这章时，你就会了解到，孩子确实是遇到了困难，需要你的帮助才能克服。如果这一问题不能够被正确地认识和解决，会毁了孩子的一生。我知道这听起来很吓人，但还是有办法的。只要你认真阅读本书，将这10天的课程付诸实践，情况就会有所改善。这需要你的努力和毅力，相信功夫不负有心人。

■ 为什么“10天计划”如此有效

本书有许多有效的策略、方法和技巧，能够帮助你简单快速地找到孩子的问题所在。我着重强调了在帮助孩子改善举止时，家长感同身受及创造情感安全的重要性。这些因素十分重要，是它们让这些策略、方法变得行之有效，而不会让孩子产生抵触情绪。我还鼓励家长们要善解人意、心平气和、坚定信心，不要控制欲过强。根据读者反馈来看，这几点对于十天训练法来说非常有效。

从你阅读本书的“第一天”开始就会发现，我是从整体上来解决分心这个问题的。导致该问题的原因有很多，环境、情感、神经都可能是罪魁祸首。有时候，找出导致分心的具体原因并不容易。比如，一个孩子的父母刚刚离婚不久，而这个孩子还有儿童多动症或者学习能力缺陷症，还经常感到焦虑，那么导致他精神不集中的原因可能就不止一个。除此之外，我相信，本书中的方法将会十分奏效，能为大部分家庭排忧解难。

你的孩子能够更加专注

一般情况下，分心的孩子都不喜欢接受他人的帮助。他们会假装自己知道答案，即便他们给出的答案一点儿都说不通。他们常常通过说谎来掩盖自己的困惑或恐惧。有时候，家长和孩子们都觉得无法摆脱这种困境，永远都无法变得专注。但我可以在这里告诉你，确实有办法解决这个问题。我在心理学领域探索了20余年，在这20多年里，我无数次看到人们的泪水、愤怒、失望以及绝望。我还亲眼见证了许多无法专注的孩子们——包括那些患有儿童多动症以及其他症状的孩子们——攻克难关，重新振作起来。我十分相信，本书中的突破性十天训练法能够帮助你大幅度改善孩子的分心问题，提高孩子的社会技能，培养孩子的自尊心。此外，你的孩子还会重拾信心，轻松自如地面对来自学校、家庭以及同龄人的挑战。同许许多多与我一同工作过的家长和孩子们一样，你也会获益良多。

你可能以为，随着年龄的增长，孩子可能自然而然地摆脱这个障碍性问题。或许它会随着年龄的增长有所减弱，但我可以告诉你，一旦这个问题出现了，并已经达到了一定程度，通常情况下它是不会自动消失的。必须通过正确的干预方法，才能让这些孩子们很好地适应校园生活、家庭生活、社区生活，并能和小伙伴们愉快地玩耍。

本书有循序渐进的方法，帮助你在解决孩子分心问题的同时，还能改善你与孩子之间的关系。该方法针对4~18岁的儿童量身打造。书中大部分例子都来自我的心理实践实例。为了隐私保护，我将其中涉及身份的名字和信息进行了改动。在此，请读者注意，本书不可以作为专业帮助。如果情况没有任何好转，我建议你及早就医，寻求专业的医药及精神治疗。

■ 我也曾无法专注

身为一个在儿时曾患有注意力分散症的人，我也遇到过自己的问题。但正是我克服困难的决心，让我成功战胜了病魔，就连我自己也没有想到。我为自己取得的成绩感到很欣慰。

正因为如此，我非常理解那种迷茫无助的感觉。在我读高中的时候，分心让我的化学课度日如年，并且严重影响了我的三角学成绩。因此，我不得不重修三角学。上大学后，注意力分散症让我把时间都花在了吃喝玩乐上，几乎没怎么学习。这让我付出了惨重的代价，在大学第一学期时就不得不留校察看，拼命把成绩赶上去。要知道，在最初过渡的那几年里，我的日子并不好过。其实，正是因为我亲身经历过，克服了自己的困难，所以在面对有同样问题的儿童时，我才能变得更加理解他们。

我感到很幸运，因为我的父母非常支持我、相信我。当时，他们手边可没有一本这样的书，告诉他们应当如何做，但他们却一直鼓励我。好几年来，我常常弄丢车钥匙，我的父母在帮我找车钥匙的时候并没有埋怨我，而是笑一笑让事情过去，他们一直都很相信我。

分心带来的也不全是坏事儿，它能让我站在不同的角度思考问题，变得更加具有创造力。与此同时，如果分心一点儿好处也没有，而且它所制造的问题又无法被我们克服，那它的确会影响孩子的生活。

■ 抓住改变的新机会

本书中的“10天计划”法将会改变孩子的一生，当你跟着书中内容进行实践时，我建议你将自己看成一名教练。当然，你首先是孩子的父母，但我同时也建议你在教导孩子时候戴一顶教练帽子，帮助他在学业、社会和情感生活方面克服困难，取得成功。

本书中你会学到，从一个全新的角度来了解孩子的注意力分散症是多么的重要。我想，你一定为了帮助孩子摆脱分心这个毛病，做了所有你能做的事情。但许多家长仍不解，因为他们看到，自己的孩子在想专心的时候是可以专心的。你或许觉得奇怪，为什么她看电视的时候能看那么久，为什么她能为了那件舞蹈服努力省钱。你的孩子能够在对自己重要的事情上专心起来，但对于日常生活中的其他事情就总是分心，例如不认真听课，不与同学好好互动，或不能专心做作业，等等。而我们要教她的，正是如何在这些场合变得专注。

■ 如何有效阅读本书

我建议你每天读一章内容，连续十天。如果你因为某些事耽误了，无法连续读完，也没有关系，不要沮丧，只要尽力做到把本书读完即可。

每天，你都会学到一些实用的应对分心的方法，这些方法是递进式的。我建议你早上阅读本书，在白天的时候实践书中的方法。当然，你和孩子要想对每种方法都驾轻就熟，一天肯定是不够的，这点希望你铭记于心。但每天实践后，第二天无须停下来，反复练习。你需要做的只是找出哪种方法最适合你和孩子。

此外，请给自己和孩子充分的时间去熟悉新方法，千万不要在第一天就放弃。许多家长在教导孩子时候总是轻易地就放弃了。坚持的关键在于关注你所做出的改变，如果你坚持下来，那么一定会获益良多。和我一同工作过的家长当中，有许多人在实践本书的过程中，看到了孩子巨大的变化，分心的症状越来越少。

我建议你将自己和孩子变化过程记录下来。所记录的内容不一定非得是正式的语体或者经过精心安排，只要是记录了你们的进步和点滴成功，都会对治疗过程有所帮助，至于记录的形式并不是很重要。最主要的就是要留心观察，任何一点小小的进步都是值得欢呼雀跃的，所有你所做的这些都是值得继续坚持的。

如果你做到书中的内容，就一定会大有收获。但这只是一个开始，你必须坚持不懈地将本书中的方法和原则练习得驾轻就熟、融会贯通，这样才能长久地帮助孩子减少分心，变得更加专注。因此，我强烈建议你将书中的方法一直坚持使用下去。相信我，你的努力一定会得到回报，孩子的情况也一定会有所改善——结果一定会超出你的想象。

■ 男孩和女孩

书中提到孩子的时候，为了方便阅读，我会轮流使用“他”和“她”。虽然有这种问题的男孩子比女孩子的人数要多，但请你记住，不论是男孩还是女孩，一旦无法集中注意力，都会深受其害。

DAY 1

第一天
正确认识孩子的专注力问题

面对难以专注的孩子，你已经尽可能地让自己有耐心，时刻以鼓励为主，但他还是能把你气到爆炸，做什么都无济于事。你已经受够了他没完成的作业、忘记的作业内容和下降的成绩。对于你的话，他左耳进，右耳出，对此你已经感到厌倦。孩子不能专注是件很令人头疼的事情，而且你的日渐上涨的负面情绪不但会影响自己，还会影响孩子（相信我，你的孩子也同样感到很沮丧，不论他是否承认这点）。

欢迎你来学习第一天的课程，这个全新而又刺激的培训项目会在减少孩子分心的道路上助你一臂之力。今天，你会认识到该问题的原因、影响以及治愈办法。令人遗憾的是，有许许多多的孩子们正在受到注意力问题的困扰，他们的生活为此变得一团糟。更残酷的事实是，患有注意力分散症的孩子们会给他们的家庭及教育者们带来同样的困难。即便这样，书中的“10天计划”仍能帮助你的孩子大大缓轻症状，并提出实用的、专业的技巧和方法，供你参考。

分心并不意味着懒惰

每当我谈到某个孩子有分心或专注力问题时，我是指他在集中注意力方面有困难，特别是对于他不感兴趣的事情。难以专注的孩子在集中精力的一方面或几方面存在问题。一些孩子无法集中精力，完成任务（特别是那些常规的或无聊的任务），还有一些孩子不知道如何开始一项任务；有些孩子有时候能集中精力，有时候却不能，逐渐迷失了自己。接着往下阅读，你会发现，导致难以专注的原因不止一种，而分心会对我们的家庭及社会造成巨大的伤害，不论是情感上、教育上，还是经济上都是如此。

在这里，你要知道，注意力分散的孩子并不是有意忘记、逃避责任或心不在焉。虽然他们表面上看起来是这样，但这绝不代表这些孩子真的懒惰。许多父母经常把“懒惰”一词挂在嘴边，但是请你不要这样做，这一点非常重要。因为这一词语是有破坏性的，会对孩子的心理造成负面影响，让他越来越缺乏自信，从而消极影响他的人生。

注意力缺陷过动障碍只是可能之一

注意力缺陷过动障碍（ADHD，又称儿童多动症），是一种神经紊乱现象，也是导致儿童分心问题的最常见原因。对于患有注意力缺陷过动障碍的孩子来说，分心问题会给他们的病情雪上加霜。

特丽萨是我曾经辅导的孩子之一。当时，她只有11岁。他的父母愁容满面地把她带到我面前时，我看到特丽萨的眼睛里还有泪水。我从她父母口中了解到她的症状：上课精神不集中、忘记把老师布置的作业记下来、无法与同学很好的互动、无法完成家里的日常活动。后来，我又去了她的学校，从她的老师和心理医生那里了解了更多的情况。从种种迹象来看，我断定特丽萨确实有注意力缺陷过动障碍。于是，对特丽萨的教育方法进行了调整，儿童医生也为她开了处方。根据她的诊断结果来看，她的父母最好要了解孩子的缺陷，并帮助她度过难关。虽然最后的结局皆大欢喜——但如果没有合适的治疗，很可能结果就不是这样了。

许多难以专注的孩子都有多动症倾向，但还没有完全体现出多动症的所有症状。在这些不同的情况下，所采取的干预治疗方法也是不同的。我们需要铭记于心的是，专注与否不是这些孩子所能够自主选择的，而是无意识的行为。这一点对于找到合适的策略十分重要。

还有一些被诊断患有多动症的孩子们，表现过于活跃、易冲动，而非分心。他们总是坐立不安，或者常常脱口而出一些不该说的话，惹祸上身。还有更复杂的情况，有些患有多动症的孩子们也表现出分心、过于活跃或冲动等多种症状。

在本书的“十天计划”当中，我主要针对解决的是有关分心的各种问题，但我们也要知道，那些过于活跃或冲动的孩子们也面临着许许多多的困难。很多家长在给我的反馈中说道，本书的方法对于多动及冲动也有很好的效果，但我仍建议去寻找针对多动及冲动症状的解决方法。

■ 了解专注力问题

为了让你能够更好地了解孩子的分心程度，请看下面这张清单。虽然这张清单中的诊断标准是针对ADHD设计的，但里面的行为对于没有多动症状的难以专注儿童来说，仍具有很强的代表性。在每条描述前面都有一条横线，根据孩子的实际情况，在横线上写上相应数字，从1（严重）到5（基本没有）。

孩子的专注力问题严重程度

____ 别人与他说话时，他根本不听。

____ 基本无法完成日常事务或作业。

____ 无法长时间地专注于一件事情，除非这件事情是他非常感兴趣的或喜欢做的。

____ 由于注意力不集中，会出现许多由于粗心导致的错误。注意：许多家长认为，孩子既然能长时间地玩电子游戏（几个小时），说明他们的孩子如果自己愿意，就能够长时间集中注意力。其实不然，电子游戏是个例外，因为在玩游戏时，是多种感官同时作用（视觉、听觉及触觉），并会给出及时反馈，这就会让孩子觉得很刺激、好玩儿，从而更加集中注意力。

____ 缺乏条理性。注意力不集中的孩子或许需要花费几个小时才能完成作业，到了学校后还可能把作业“弄丢了”（其实作业一直在他的书包里），或者忘记了上交作业。

____ 总是不做作业或日常事务。

____ 总是容易分心，或把注意力放在了错误的事儿上。

____ 健忘，需要经常提醒。

现在，认真观察你给孩子的打分。你能从中很明显地看出，哪种行为带来了最大的问题。现在请回答下列问题：

- 这些行为是从何时开始的？
- 在什么情况下，它们才会发生？
- 在孩子的成长过程中，有没有发生过什么负面事件影响了他的行为？
- 在过去，有没有什么事物能够帮助孩子管理这些分心行为？
- 到目前为止，我对孩子分心行为的态度如何？

正如我前面所提到过的，注意力缺陷过动障碍（ADHD）也会包含多动及易怒症状。因此，如果你的孩子有注意力问题的时候，多动和易怒也是常见的伴随症状。看看你的孩子是否有以下行为：

- 坐立不安，经常手脚乱动，或者坐着的时候动来动去
- 在需要坐下或保持安静的时候，他总是跑来跑去，攀爬或离开座椅
- 无法安静地参与到课余活动中
- 特别爱说话
- 在没有听完问题前，就抢着回答
- 不习惯排队或者轮流等待

如果你的孩子经常表现出上述行为，请及时预约儿科医生，或者其他有资质的保健专家，一同讨论治疗的方法。

很多原因会导致专注问题

分心之所以是一个普遍性的问题，是因为导致它产生的原因可能有很多种，不仅仅是注意力缺陷过动障碍。以下是其他引发分心问题的条

件及情况。我在“第八天”中会进一步讨论。

■ 焦虑

内心焦虑的孩子心里经常会装着很多事儿，因此才会常常无法集中精力。例如，这类孩子经常在入学第一天就会感到特别的紧张不安或者有压力。在与朋友闹矛盾的时候，也会有同样的感觉。当他们在脑子里反反复复思考时（心神不宁通常是焦虑的最大原因），他们的大脑在加速运转，他们会感到腹部紧张，并且心慌。一些孩子或许患有焦虑症，这是焦虑范畴中较严重的级别。患有焦虑症的孩子会有强烈的恐惧感及忧郁心理，同时还可能有睡眠问题和其他身体上的问题，例如，头痛、胃痛和呕吐等。

8岁的艾丽卡由父母带来找我，说她在学校总是“迷迷糊糊的”，学习成绩也在下降。艾丽卡的老师曾找她的母亲乔伊斯谈过，告诉她艾丽卡有注意力障碍问题。后来，我与艾丽卡的老师通了个电话，她私下偷偷告诉我说，她还认为艾丽卡患有注意力缺陷过动障碍。

然而，艾丽卡的母亲和老师都没有注意到，艾丽卡每天都在担心她的父亲，因为前不久父亲被检查出患有重病。知道了这一点以后，我与艾丽卡细心沟通，帮助她走出了恐惧。幸运的是，艾丽卡的父亲逐渐康复了。后来，艾丽卡又来我这里继续接受辅导，消除关于父亲的焦虑。不出意料，艾丽卡在治疗的过程中，注意力越来越集中，并能够控制自己的焦虑，她的老师也看到了她的进步。

焦虑是让很多家长感到头疼的问题，孩子们也很难通过意志力摆脱焦虑。焦虑来无影，去无踪，毫无规律可言，孩子们为此无法全身心地投入到日常活动当中，尽情享受。事实上，如果没有针对性的技巧，控制焦虑对孩子来说基本上是不可能的事，而且该症状不会随着时间而消失。我遇到过许多患有焦虑症的成年人，他们给我讲了许多带着焦虑症生活的故事。

焦虑是美国最常见的心理健康问题，每年约有13%的美国儿童及青少年患上焦虑症，还有更多的人虽然还没有达到焦虑症的程度，也受到焦虑的困扰。让这些人感到焦虑的原因有很多，比如学校压力、家庭生活、朋友关系，或者其他各种各样的事情。有时，甚至中等程度的焦虑感都能让一个孩子无法集中注意力。

■ 抑郁

抑郁是另一种能够导致注意力分散的心理健康问题，与焦虑一样，抑郁也属于情感问题，虽然注意力缺陷过动障碍（ADHD）已经被逐渐认为是一种神经方面的问题。在很少的情况下，抑郁会反复发作，一旦发作，就是我们常说的躁郁症。

与成年人相比，抑郁的儿童有更多的起病隐匿，临床表现更多的是应激性抑郁，而不是悲伤、焦虑、对立违抗性障碍以及学习问题，抑郁症一词是用来区分单独发作的抑郁与温和、慢性的（一年或更长时间）情绪低落或应激性抑郁（也叫精神抑郁）。

13岁的凯文因被认为患有注意力缺陷过动障碍来找我治疗。从凯文的家族病史来看，他的外祖母一辈子都生活在抑郁当中。在我的评估过程中，凯文在抑郁清单（测试）方面分数较高。在与他相处的过程中，他表现出了许多自我否定的想法（例如，“我无法让任何人喜欢我”和

“我太笨了”），这让他无法在学校里和与同学相处时集中精力。幸运的是，通过心理辅导，凯文逐渐克服了他的负面自我认知，分心的问题也有所好转。

学习能力障碍

14岁的特勒尔在八年级开学时曾找我做心理咨询。为了解他的情况，我和他做了一系列测试，让他朗读卡片上的问题，这些卡片是专门用于发现各种问题设计的。虽然我不是专业的阅读导师，但我很快发现特勒尔有阅读问题。于是，我找到了他学校的心理医生，从而得知他患有诵读障碍（一种阅读障碍）。

与注意力缺陷过动障碍一样，学习能力障碍也有神经性原因：该症状能够影响人们的理解、使用及书写语言的能力，影响数学计算、动作协调性，或者注意力。更糟糕的是，学习能力障碍会严重打击孩子的自信心，同时导致注意力分散。该症状可以独自存在，也可以与其他我们在这里所讨论的症状并存。教育家们估计，在6~17岁的儿童中，有5%~10%有学习能力障碍，并且在美国接受特殊教育的儿童中，有超过一半以上的儿童患有该症状。

在有学习能力障碍的学生中，8%的孩子患有诵读障碍，这让阅读问题成为了学习能力障碍中最常见的问题。然而，任何一名处在与主流人群不同的学习过程中的儿童，都很容易变得注意力分散，这反过来又会进一步影响他的学习。下面是常见学习能力障碍表现的清单：

名　称	解　释
诵读障碍	这是一种语言方面的障碍，患有该症状的儿童在理解单词、句子或篇章的时候有困难
计算障碍	这是一种数学方面的障碍，会导致儿童在算术方面出现问题，并无法理解数学概念
书写障碍	这是一种数学方面的障碍，会导致儿童在算术方面出现问题，并无法理解数学概念
非语言学习障碍	该症状包括任何一种与语言无关的学习障碍，例如，在认知、理解非语言交流方面有困难
听觉及视觉处理障碍	有这两种感官障碍的儿童，即便听力、视力正常，在语言理解上仍有困难

有学习能力障碍的儿童经常需要特殊教育及服务。这些孩子很容易注意力分散，因此特殊教育为他们量身定制，用于满足他们的特殊需求。该方法包含大量的矫正方法，针对阅读、数学或其他领域。此外，它还包括许多服务性内容，例如，心理咨询、物理及职业疗法、演讲及语言服务、运输及医疗诊断。大部分接受特殊教育的儿童都有一定程度的学习能力缺陷症。

学习能力障碍以及它所导致的注意力分散问题给患者带来的是一生的困扰。一些孩子可能同时有几种学习能力缺陷；另一些孩子或许只有一种学习能力缺陷症，对他们的生活影响甚微。令人欣慰的是，现在有许多教育方面的建议及资源，对于治疗学习能力障碍有所帮助。

■ 自闭症/亚斯普杰氏综合征

辛恩12岁的时候，来我这里进行第一次治疗。他是一个表面上看起来不露声色的孩子，但我能感觉到，他有一个特别而又丰富的内心世界。辛恩患有亚斯普杰氏综合征，是自闭症的一种高级形式。辛恩在智力上相对不错，但他却在与人交往方面存在困难。

虽然自闭症孩子之间的个体表现差异很大，但他们大多数人都很难集中精力做一件事，这是因为他们把注意力放在感觉上，这对他们来说十分有意思，也十分重要。这些孩子经常快速地转换注意力，这让他们无法专注地倾听同学说的话、家长的要求，或者老师的讲课内容。

通常情况下，导致自闭症儿童分心的事物很容易发现。例如，如果老师在桌子上放一张纸，孩子的注意力可能就被纸带走了，从而无法专心听讲。或者，学生注意到走廊里面有什么东西，为了观察得更仔细，从而停下了手头的工作。从外面传来的声音也属于听觉上的干扰，也能导致注意力分散。

■ 其他导致注意力分散的情况

导致孩子注意力分散的原因还有很多，我在这里简单介绍几种。妥瑞症（Tourette’s Disorder）是一种神经障碍，主要表现为身体不由自主地抽搐、言语障碍等，该症状通常会持续至少12个月，是导致孩子注意力下降的原因之一。此外，药物滥用及来自心理、社会上的压力都会影响孩子的注意力，特别是青少年人群。视力及听力问题也能够影响孩子的注意力，同样需要适当的测试和治疗。患有潜在视力问题的儿童所表现的症状与注意力缺陷过动障碍类似，同样的症状在有精神创伤、癫痫病，以及饱受精神虐待的儿童身上也十分常见。

有证据表明，天资聪慧的孩子一旦有注意力分散问题，会受到更严重的影响。我之前辅导过的一个孩子就是如此。他叫基思，十岁。在课堂上，他总是魂不守舍，常常溜号。学校的心理医生给他做的测验结果表明，这个孩子非常聪明。但用心理医生的话来说，就是“如果他不高度集中精神，就常常会溜号”。只要基思记得将作业带回家，他通常会很好地完成（需要父母稍微提醒一下）。然而，他却总是忘记上交作业，这让他得的分数很低，不是C就是D。我也遇到过许多和基思情况一样的孩子，他们的父母都为此大伤脑筋。幸运的是，针对基思的情况，我让他将事情都记到本子上，这不仅提高了他的注意力，也降低了分心的可能性。

叛逆对某些孩子来说，也是导致难以专注的一个原因。当孩子“调皮捣蛋”并对某事产生叛逆心理时，他们在这过程中很可能会难以专注。

■ 压力

许多孩子虽然没有被诊断出患有任何情感或身体疾病，但却在压力面前仍然会注意力分散。自己所爱的离世、父母离婚、搬家，以及新的家庭成员都会给孩子带来些许压力，也会让他们的注意力分散。此外，我还见过许多压力繁重的儿童，他们的时间被安排得满满的，除了在学校上课外，还要参加放学后的体育运动、宗教活动，以及社区活动。虽然这些事情都是有益的，但并不是多多益善。

■ 媒体

研究表明，在美国，儿童每天都会接触长达8.5小时的电视、电子游戏、电脑及其他媒体——常常是同时进行的。三年级后，情况更加糟糕，因为课业变得更难了，需要孩子们投入更多的精力。不要忘了还有电话、电脑上的即时消息和手机短信。与前几年相比，今天，孩子们的卧室正在被越来越多的电子游戏和电视占据。

许多孩子似乎对媒体上瘾，家长们很难理解，为什么自己家那个分心的孩子能够坐在电视前面几个小时一动不动。很显然，电视和电脑屏幕里有丰富多彩的图画和声音，这要比老师上课时的唠叨或者母亲要求帮忙洗碗要有趣多了。

遗憾的是，电视、电脑，以及所有这些科技产品都会对孩子的注意力产生影响，对大多数孩子来说，他们不可能做到一边看电视或者听歌的同时，还能够全神贯注地写作业。

此外，我还发现，在某些情况下，一些孩子还是能够从电视或音乐背景音中获益的。对这些孩子来说，这些背景音能使人放松、镇静，能够帮助他们把注意力放在需要的地方（例如，放在作业上）。然而，为了让这招起作用，首先要保证这些电视节目或音乐完全不会与孩子需要专注的事情冲突。

家长的反对通常会让孩子们更加渴望看电视，我建议家长们采取一种冷静、坚定、摒弃控制欲的方式，不要试图将媒体远离分心的孩子，而是要教会他们，如何去做出明智的选择（详情参见“第五天”的内容）。

10岁的鲍伯的父母就沉着而又坚定地制定了这样一条家规，上学的日子不可以看电视，周末的时候可以每天看半小时。虽然有时候，鲍伯会在周末的早上7点起床，趁父母还在睡觉的时候看会儿动画片，但这条家规从总体上看还是很管用的。

建立改变现状的自信

所有这些症状都会令人不知所措，所以现在请你深呼吸（请注意，我会在“第八天”章节里深入讲解这些情况）。你现在所需要记住的就是，你的孩子是一个活生生的人，一般情况下不会轻易地得上疾病，因为导致注意力分散的原因有很多，并且没有一种评估手段能够百分之百确诊，但找到孩子分心的原因是很难的。令人欣慰的是，不论出于何种原因，本书的“十天计划”都会给你提供解决孩子分心问题的方法和策略。学习完本书后，你将有足够的能力帮助孩子克服分心问题，效果超乎想象。

显然，对任何父母来说，照看注意力无法集中的孩子是一件伤脑筋的事情。在我的实践中，我见过许许多多的父母为自己的孩子穷尽了所有办法，却仍然不知所措。在接下来的这一部分，我为你提供了一些指导，告诉你如何在照顾自己的同时，还能照看好难以专注的孩子。

■ 孩子的想法会让你分心

抚育一个分心的孩子对你自己有很大的影响，会让你失去对自己以及家庭其他成员的关注。或许，你已经经历过下面表单中的几项甚至全部内容了。

孩子的专注力问题严重程度

____ 你拿捏不好帮助孩子的程度，是全盘接手还是放任不管。

____ 你无法判断孩子无法或者不主动集中注意力的程度。

____ 在分心孩子的面前，你总是表现得很不耐烦，为此你感到很愧疚。

____ 你觉得自己作为父母很失败。

____ 你试着让自己不去想这些事儿，但却发现，自己一直被孩子分心导致的相关问题所困扰着。

____ 你感到精疲力竭。

____ 你感到很孤独无助。

____ 孩子的分心问题让整个家庭浪费了许多时间和精力，为此你感到很气愤。

做出改变

注意力分散会降低孩子做事的积极性，这是因为，每当他想集中精力做某件事的时候，对他来说都是如此的艰难。许多有注意力分散倾向的儿童都不愿意参加讨论或者会话，因为根据他们的经验，他们知道自己总是抓不到重点，因而不想让自己出丑。其实，在与孩子的挑战产生共鸣与深陷于你自己的负面心理之间是有一条安全线的。

要想让孩子的生活变得更好，首先你要知道，自己已经做了许多有意义的事情来激励孩子，你对自己所做的越满意，对孩子的帮助就越大。

找出你积极的鼓励性行为

为了让你不再因为孩子的分心问题而责怪自己，并能对整体事态控制得更好，请想想你曾为孩子做过的所有积极的行为。请阅读下面这个表单。

积极鼓励行为清单

____ 说鼓励的话语。

____ 拥抱他。

____ 帮他补习功课。

____ 参加家长会。

____ 说“我爱你”。

____ 他做得好时，进行表扬。

____ 买学习用品。

____ 给予孩子合理并适当的鼓励。

____ 与他的老师取得联系，询问孩子在学校的情况。

____ 与孩子及时沟通关于学校的事情。

以上这些只是所有你采取的积极措施中的一部分而已，我希望，你给自己机会，让自己对孩子感到满意。这些行动虽然不会缓解孩子分心的症状，但它们对你可是大有帮助，特别是你在践行本书中的方法的时候。

■ 找出你消极的鼓励性行为

这一部分不会很有趣，但却必不可少。在阅读下面这些消极鼓励行为时，请时刻记住，没有任何一个父母是完美的。

在清单之后，是针对导致严重问题的消极鼓励性行动的简短讨论。现在，请你找出你的消极行为，这样一来，你就可以对其有更加清楚的认识。在“第三天”中，我们会进一步讨论消极鼓励行为的原因，以及在分心孩子面前，应当如何表现。

消极鼓励行为清单

____ 大喊大叫。

____ 忽视孩子的感受。

____ 对孩子冷嘲热讽。

____ 取笑孩子。

____ 打孩子。

____ 无视孩子。

____ 斥责孩子。

____ 羞辱孩子。

____ 批评孩子。

____ 没有耐心。

____ 拥有不切实际的期待。

____ 不停地唠叨。

____ 打断他说话。

____ 让他感到愧疚。

____ 欺骗他。

____ 威胁他。

____ 让他当众出丑。

____ 否定他的情感。

唠叨

注意力分散的孩子会经常遭到父母的抱怨。11岁的伊丽莎白做事毫无头绪、丢三落四，在做事情的时候很容易溜号。她的母亲吉尔是一位业务经理，拥有高度的专注力，做事很有条理。吉尔曾试过在家不停地叮嘱女儿，让她完成事情，以为这样能够管好女儿的分心问题，但却适得其反。在我与她们母女俩接触的过程中，我发现，每当吉尔停止唠叨，伊丽莎白反而会更愿意让母亲帮助她理清头绪。

羞辱孩子

那些想尽办法帮助孩子却仍频频撞壁的家长们很容易对孩子说出消极的话，例如，“如果你不集中注意力，你以后就会流落街头。”其实，这种做法只会打消孩子的积极性，不会有任何好的作用。

忽视问题

朱莉娅有个12岁的儿子，叫伊恩。过去伊恩在标准测验中一直能得到99%的分数，并且从幼儿园开始就在天才班上课。但是，自从伊恩有了“反复发作的分心”问题后，这个家庭就变得一团糟。在刚开始的两个学期里，朱莉娅并没有把这事儿放在心上，因为她当时“生病了而且厌倦了唠叨”。朱莉娅带着伊恩找咨询师咨询。咨询师告诉朱莉娅，不要不停地唠叨孩子，让他自由发展——他需要自己学会承担责任。由于无法集中精神，加之自觉脑力不够，伊恩的成绩开始一落千丈。但自从朱莉娅重新介入，并采取了本书中的训练方法后，伊恩的情况得到了大幅度的改善。

大喊大叫

对孩子吼叫只能打消他的积极性，停止对孩子吼叫的方法包括使用积极的倾听技巧，认识到自己的愤怒是一种危险的信号，指导孩子的语言要简明清晰（这点对于分心孩子来说很重要），以及将对孩子的期望控制在合理范围内等。对孩子大喊大叫只能让他更加地分心，打击他已经受伤的自尊心。

威胁

家长们总是错误地认为，他们能够通过威胁的方式来激发孩子。其实，这一做法后患无穷，对难以专注的孩子采取威胁的方式只会把他推开，并会导致说谎和其他推脱行为。

斥责

请记住，如果你的孩子知道如何让自己不分心，那么他自己就会改善这个问题。请不要斥责他，告诉他为何需要集中精神。相反，要不断地提醒他——他并不是自己选择分心的。

忽视孩子的感受

这一点我在第二天的时候也会讨论到，人们总是会误解这些注意力分散的孩子。正如洋葱有很多层次一样，你的孩子也是如此。或许，孩子会表现出分心对自己没有任何干扰，不承认自己有分心的问题。然而，以我的经验来看，我可以告诉你，一旦拨开表层，你会发现，许多分心的孩子自尊心很脆弱，并对自己的分心感到很焦虑。而在生活中，家长们常常忽视了这一点。

打孩子

研究表明，身体惩罚是不起作用的。孩子并不是自己选择去分心，而打他们则会让问题升级。身体上的惩罚会打消孩子的积极性，使他们感到挫败，认为自己很糟糕。暴力会伤害孩子的自尊心，甚至会让他们变得好斗。如果你过去打过孩子，现在不要跟自己过意不去。要知道，人无完人。但同时，我强烈建议你，从现在起停止对孩子使用身体上的惩罚。取而代之的是，你可以使用本书中提供的方法，来缓解孩子的分心情况，与他建立起积极的关系。

即使孩子不愿意承认，但其实，他还是非常需要你在他身边，帮助他克服分心问题的。你的孩子需要知道，确实有很有效的方法能够帮助他延长专注的时间，弥补分心带来的后果。大部分方法失败的原因是家长们操之过急了。本书中的“10天计划”之所以能够成功，是因为我不仅仅是在告诉你应该怎么做，我还传授你如何建立起适合的关系情况，来更好地做这件事。如果你能够认真地将我的意见付诸实践，那么孩子的分心问题一定会有所缓解，更加会照顾自己。

第一天　总结

今天，你掌握了许多孩子分心的原因，已经开启了高效十天之旅，它会给你孩子的生活带来很大的改变，大幅度改善注意力分散的问题。在接下来的旅途中，请你铭记以下几点：

- 导致注意力分散的原因不止一种。
- 你的孩子并不懒惰。不论他是否患有注意力缺陷过动障碍或其他症状，你必须采取行动，帮助他克服分心问题。
- 本书中的“10天计划”基本上适用于所有分心的儿童，不论他的分心出于何种原因，或者严重到何种程度。
- 你的悉心照料和积极的方法会对孩子的分心问题大有帮助。
- 重视你自己和及你付出的努力，这会让你的孩子也这样做。

DAY 2

第二天
了解你的孩子在想什么

为了帮助你的孩子克服分心的问题，你一定要充分了解他每天面临的困难。在“第一天”的章节中，我说过，肯定是有一种（或几种）原因导致了孩子的分心。今天，我将带你通过孩子的眼睛看世界。学完今天的课程，你会意识到，必须对孩子身上的这个问题采取行动，也会了解到，孩子并不是故意选择不集中注意力的。

大多数家长都认为孩子自己能够控制自己的专注力，他们常常气急败坏地同孩子说话。这样当然不难理解——如果你觉得自己的孩子是故意和你对着干，当然会很生气。我的一个孩子就曾有过难以专注的问题（总是忘记带作业）。和许多家长一样，我也曾经总是用恼怒的语气对他说话，即便我自己并不愿意承认这一点。然而，我发现，或许你也发现了这一点，这样做是违背支持和鼓励孩子这一初衷的。如果你表现得很生气或者恼怒，孩子的反应也会很消极，不会积极地听取你的意见。

今天，你将学习如何了解孩子的想法，如何从他们的角度看问题，这会对孩子的人生带来重大而积极的改变。听起来似乎很容易，但请相信我，这需要强大的自制力和有效的方法，超越一切挫败感和其他负面感觉，才能够做到。如果你不了解孩子经历的一切，那么世界上的任何方法都不会帮助你的孩子减轻分心问题。

孩子感到被误解了

你越了解孩子克服分心时的感受，就越能够帮助他走出困境。很多年以前，我的一位同事用了一个很形象的比喻形容注意力分散者的感受。由于我也曾经遇过这样的问题，为此我非常喜欢他的这个比喻。想象一下，一位警官在事故现场指挥。如果这位警官无法让自己适度集中精力，会发生怎样的事情？更多的事故会相继发生。与事故现场失去方向的车一样，对于难以专注的孩子来说，那些快速而又走错方向的想法也会经常在他们的大脑里“撞车”。

难以专注的孩子常常感到被误解，但其实他们自己也不是很了解自己。他们不明白自己为何总是溜号，不明白如何改善这一状况。因此，每当家长、老师或其他人要求他们去集中注意力的时候，他们很自然地就会觉得自己的脑袋要爆炸了。了解你的孩子，是在实践本书方法的同时最有效的辅助方式。事实上，了解孩子本身就是一种帮助手段。当孩子发现你越来越能站在她的角度看待问题以后，她就会对你越敞开心扉、坦诚相待。

专注力问题的常见现象

我们之前说过，今天的主要任务是要唤起你的意识，让你了解孩子所面临的困难。接下来我要讲讲我们生活中常见的专注力方面的困难，以及家长和老师们所采取的一些有效方法。在接下来的一天里，我会针对分心的不同方面，给你更多的方法和建议。在阅读下面的内容时，请想想它们会如何影响孩子的积极性和精神状态。

■ 很容易溜号

这点看起来很明显，但是让我们仔细研究一下。容易分心的孩子无时无刻都被脑子里满满的想法和信号轰炸着。例如，当一个分心的孩子在人很多的房间里与别人聊天时，她常常会注意到房间里其他人的谈话内容——她的大脑在同时记录着所有接收来的信息，即便这些信息之间毫不相关。这不仅让她无法集中精力在自己的谈话上，还可能让她的朋友和家人产生误解，觉得她好管闲事。在谈话中溜号并不是她真正想做的，更重要的是，她还因此被误解了。

分心的孩子在过滤消息方面总是感到很无助。因为这会影响她们正在进行的谈话，干扰她们的理解。作为家长一定要了解这种无助感，因为它会降低孩子的自我价值感，让她在工作和责任面前总是选择逃避。

15岁的詹尼斯曾经是我的辅导对象。她的父亲罗伯特对女儿的分心问题感到很困惑和恼怒。刚开始，罗伯特见我的时候就跟我抱怨，说詹尼斯经常在做某件重要的事情的时候（例如，写作业），突然会转而去做其他事情。例如，詹尼斯会突然放下手中的作业，去和朋友打电话聊天。

为此，这对父女的关系闹得很紧张（罗伯特是位全职父亲）。不出意外的是，詹尼斯为自己的分心问题感到很沮丧、伤心、生气。面对父亲的严厉批评，她也感到很生气。幸运的是，罗伯特与我聊过之后，他对此有了更加深刻的了解。他意识到，詹尼斯的举动与注意力分散孩子表现的一样。于是，他进一步理解了女儿的困难，而这对于治疗詹尼斯分心问题来说，是一个重要的开始。

■ **专注时间短**（但不一直这样）

根据你目前所了解到的情况，你已经很清楚地知道，对于分心儿童来说，专注于一件事情完全不分心，是件很难的事情。然而，让家长和老师都感到头疼的问题是，在某些时候，相反的情况也可能发生。在某些情况下，分心的孩子会发现，自己无法在一件事情上专注几个小时，而他们只能把任务完成后才能休息或做其他的事情。正如我在第一天列出的行为表单里写的那样，分心的孩子们经常能够将注意力很好地集中在自己感兴趣的事物上。简而言之，在这两者之间，通常没有折中的选择。

■ **缺乏条理**

注意力不集中的孩子经常缺乏条理性，他们的房间常常杂乱无章。更糟糕的是，周围环境的杂乱反过来会进一步影响他们的注意力。让家长们感到更加绝望的是，这种杂乱无章的恶性循环对注意力不集中的孩子来说简直就是噩梦。

对大部分注意力分散的孩子来说，需要花费所有的精力才能让自己开始整理房间，并且一旦他们开始，房间就会变得像灾难现场一样。大多数分心的孩子都不得不每天忍受大人们提出的整理房间的要求，父母们一遍遍地叮嘱他们，“把东西放到该放的地方去”，这样房间就不会这么乱糟糟的了。但问题是，孩子们常常不知道什么东西该放到什么位置，或者不知道该拿手头的东西怎么办。在他们眼中，打扫和整理房间是一件艰巨的任务，自己根本无法完成。

与许多其他患有注意力分散症的人一样，我也发现，在一件事情做到一半的时候，我会突然走神，想起某件其他的事情也要做。这样就会让我分心，为此，我会先放下手头的工作，心里想着一会儿再回来做。这件事情可能是电话响了，也可能是有人敲门，但等到忙活一圈后，我发现最开始要做的事情早就被我忘记了。这样很不好，特别是当第一件做的事情非常重要的时候，比如接孩子（谢天谢地，那样的事情还没有发生过——至少到目前为止还没有。但是，你可以想象一下，写一本关于专注力的书对我来说多少有点儿讽刺的意味）。

我建议你帮助孩子一起收拾他的房间、整理书包，或者摆放好书桌。如果你去和孩子一起打扫，你的行动会感染他，让他感受到把杂乱无章变为井井有条是一件多么美好的事情。与孩子一起，帮助他们打理事物，远远要比放任不管要好得多。

■ 时间观念淡薄

有很多次，我都发现，做事无法专注的孩子总是对时间不敏感。他们总是磨蹭到最后一刻，迟到对他们来说就是家常便饭，也估测不出来一个任务或事情会花费多长时间。

托尼夫妇对此深有感触。他们的儿子山姆今年13岁，做事的时候总需要父母反复催促。托尼夫妇为此苦恼不已，与很多遇到同样情况的家长们一样，他们也认为山姆是蓄意这么做的，而不是出于无法控制的分心。之后，在我的帮助下，托尼夫妇认识到了山姆没有时间概念的原因，自那以后情况就有所好转。托尼夫妇与儿子之间不再争吵，这让山姆在遇到问题时能够勇于表达自己的观点，寻找解决问题的方法。山姆问爸爸，如果努力让自己有时间概念，是否可以奖励他，让他在百吉圈小店里吃早餐。爸爸答应他，每周可以奖励他两次（每周二和周五）。虽然这个问题还没有得到永久性根除，但山姆已经能够很好地安排早上的时间，并感觉到了父亲对自己的理解。

■ 无法按要求完成任务

我记得，以前的我在打开“任务”盒子后，总会错误地相信自己的直觉，把说明书随手扔到旁边的桌子、椅子或什么地方。可每次都发现，我不仅无法按照说明书上的内容完成安装，甚至会完全忘了自己把说明书扔到了哪里！

人们常常误解注意力分散的儿童，认为他们这样做是故意的，因为他们没有按要求完成任务。然而，事实却是，这些孩子中有许多根本无法按照要求去做。由于无法按照“正确的方式”（别人的要求）做事情，他们会感到十分懊恼，从而再一次被他人误解。

事实上，这些儿童的问题在于，他们在理解指令方面存在困难，或者他们会很快忘记要求的具体内容。在学校里，每当听到指令要求时，许多注意力分散的儿童看起来就像聚光灯下的小鹿，惊慌不已。

我曾经帮助过一位教师，他向我请教如何给10岁的约瑟下达更确切的指令。每当约瑟听到一长串复杂的指令时，例如“请坐下，拿出铅笔盒和尺子，打开数学课本”，他就会头昏脑涨。为了改善这一状况，老师会站在约瑟的身边，重复刚刚的指令，小声地提醒他。这样有耐心又善解人意的老师，对于注意力分散的孩子来说是不可多得的。

■ 很容易心烦气躁，失去耐心

大部分人偶尔会心烦气躁，但对于分心的孩子来说，这种情绪却是说来就来，挡也挡不住的。他们总是完不成自己以为可以做好的事情。我知道，许多难以专注的儿童们能够说出如何完成一项任务，但却无法把它真正做好。例如，注意力分散的孩子可能会条理分明地说出应当如何整理作业本，但到头来还是需要父母的帮助才能做到。这样会不断提醒他们过去的失败，让他们感到愤怒，从而选择逃避。

难以专注的儿童常常做事情常缺乏耐心，部分原因是因为他们得不到好的引导，还有一部分原因是他们十分渴望做到自己做不到的事情，以此证明自己。

9岁的塞丽娜曾对我哭诉说，她受到了同样的困扰。分心问题已经严重影响到了她在舞蹈课上的表现。她在同学眼中是个另类，就连舞蹈教练也认为她笨手笨脚，控制不好情感，十分幼稚。幸运的是，塞丽娜的父母给她换了一个很会循循善诱的教练。在新教练的指导下，她进步飞快。或许塞丽娜无法成为一名职业舞蹈家，但是她至少找到了一个适合自己进步的环境，在进步的过程中也伴有很多快乐。

■ 拖延症

难以专注的孩子常常担心自己无法把事情“做好”，因此他们会将事情一拖再拖，但这反过来只会让他们感到压力更大。

莫妮卡和她的丈夫大卫有个12岁的儿子乔伊，这个男孩有拖延症。莫妮卡和大卫慢慢发现了这点，并了解到，面对一个新的任务时乔伊是多么的手足无措。后来，在我的指导下，乔伊学会了如何将一件任务分解去做，从那以后，事情有了好转。比如，大卫不再对乔伊进行说教，而是与乔伊分享，账单对于乔伊来说并不是件容易的事情。大卫还会给乔伊做出示范，教他如何整理纸张，如何按时完成任务，不拖泥带水。

■ 无法同时完成多个任务

在这个快节奏的社会里，多任务处理能力通常被视为一大优点。然而，对与注意力分散的儿童来说，同时进行几项活动和任务就是一场灾难。大部分情况下，他们都无法完成任务。

15岁的邦尼曾向我哭诉过她的经历。她说自己在多任务面前常常迷失自己。她总是疲于应付学校的作业和教堂青年项目，但往往一天下来，哪样都没有完成。我帮助邦尼和她的父母想出了一个两全的办法（将任务分段，进行合理处理）。当邦尼采用此方法重新工作时，效果甚佳。她的父母也是遇事冷静、处变不惊的人，不会将自己的意愿强加给孩子，这让治疗的效果变得更好。

从邦尼的事例中可见，在同一时间内做多件事情会让分心的孩子感到杂乱，没有头绪。除非有合适的方式进行引导，否则像邦尼这样的孩子肯定会跟不上每个任务的要求，成绩也会一落千丈。

■ 手眼不协调

许多注意力分散的孩子都有手眼不协调的困扰。大人们总这样对他们说，如果他们勤于练习，是可以克服困难的。然而，遗憾的是，不论这些孩子多么努力地去尝试，这些与运动相关的活动对他们来说还是很难。特别是那些需要注意力高度集中、手眼协调的运动，例如棒球和乒乓球。他们在队伍里通常都是替补队员，有些注意力分散的孩子在运动时常常会朝着墙或门撞去。

■ 口无遮拦

当我还是个青少年时，我妈妈曾对我说过："杰夫，说话要注意时间和场合。"每次当我忍不住，想什么说什么的时候，母亲都会这样善意地提醒我。注意力分散的孩子常常会很冲动，每当有一个新想法出现在脑袋里时，就如同冲破堤坝的水流，他们忍不住想要将它说出来。这样做其中一个原因或许是，如果不马上说出来，他们担心自己会很快忘掉。如果这些孩子不学习适当的谈话技巧，那么久而久之，这会成为一个严重的问题。他们需要学会控制自己的情绪，用心倾听同学、家长、老师及其他人的话语，这对于他们来说非常重要。

■ 多动

一些注意力分散的孩子会时不时地多动，前文说过，这种多动可以体现在口头上或者身体上。例如，分心的孩子会不自觉地多动。他们分不清，自己看到的是自己想要的东西，还是自己需要的东西。在他们眼中，任何事看起来都是必要的。

要帮助他们控制住自己，就要多鼓励孩子，让他们表达出自己的想法。例如，当他受到指责时，让他说出自己的想法，能够避免他做出报复性的回击。要让孩子知道，一时出气只能让自己当时感到舒服，但这会让自己做出不明智的选择，到头来反而会感到更加糟糕。

■ 需要更好的刺激

在我研究专注力问题的这些年里，我发现这一类孩子有这样一个特点：他们的脑中仿佛有个龙卷风。他们总是在寻找更刺激、更新鲜的事物，让它们能够与脑中的龙卷风相抗衡，但他们往往找不到。这就意味着注意力分散的孩子们会很容易感到无聊，因为如果刺激性因素或环境没有达到令他兴奋的条件，他们无法让自己保持兴奋，这就会给他们的家庭生活和学校生活带来困扰。12岁的卡尔被父母送到我这里，因为他对他的老师说了粗话。卡尔总是忍不住去吸引别人的注意，这给他带来了不少麻烦，最后他进了教导处受教育，后来又向老师当面道歉。

在教导孩子如何克服无聊时，要鼓励他先做个深呼吸，心理默数到10，想象一个让自己开心的画面。虽然这方法看起来像是在鼓励他分心，但事实上却能够帮助他放松自己，重新将注意力集中在需要的事物上。

■ 动作上瘾

注意力不集中的儿童在渴望刺激的同时，还会养成某些固定的动作习惯。我不是在危言耸听，也不是说你的孩子会染上毒瘾。事实上，身为家长，你完全可以大大降低事发的概率。与此同时，注意力不集中的儿童常常会感到比常人更大的压力，这些压力有的来自同学，有的来自学校，还有的来自家长的期待。为了让自己好过一些，他们会养成某些固定成瘾的习惯，包括酒精、毒品、暴饮暴食、赌博、过度工作、购物、人际关系以及依赖性。在刚开始的时候只是一些机械的动作，这是为了逃离自己内心的挫败感、自我怀疑、脆弱的自尊以及失落，但最后却一发不可收拾。安德鲁是我曾经接手的一个帮助对象，当时他17岁。他曾对我说："虽然吸毒会让我暂时摆脱所有的不愉快，但到头来我却发现，这样做只能让事情变得更糟。"

难以专注的孩子常常被别人贴上各种标签，比如懒惰、不积极或调皮捣蛋。还记得我之前说过，被贴上"懒惰"的标签是件多么令人郁闷的事情。遗憾的是，我见过许多家长和老师过快地给这些孩子贴上标签，认为他们终将一事无成。他们无法发现这些孩子身上的闪光点和过人之处。同样，这种误解也会让人们无法正确地帮助这些分心的孩子。我们应当引导孩子，让他们勇于说出自己的想法，而不是让他们选择逃避，这样做十分重要。

■ 睡眠障碍

许多难以集中的儿童在晚上的时候无法让大脑停止思考，他们的脑中有各种各样的想法，一直在转来转去，无法停下来。这些孩子会试遍所有的方法，让自己睡着。比如，有个孩子告诉我，他睡觉的时候需要经常翻身，这样才能睡着。还有的孩子在睡觉前给自己编故事，哄自己睡觉。不幸的是，糟糕的睡眠质量会严重影响他们第二天的效率。

为了克服睡眠障碍，你需要让孩子有固定的睡眠时间，睡前安排好要做的事情。如果情况仍然没有任何好转，甚至变得失去控制，你就需要及时咨询医生治疗这种严重的睡眠障碍。

■ 缺乏适应性

注意力分散的孩子通常缺乏灵活性及适应性，生活中任何小的改变都能够造成情感上的波动。例如，我曾见过有的孩子在更换住所后遇到很大的困难，特别是在父母刚刚离异的阶段。其他类似的变故也包括转学或者搬家。

注意力分散的孩子在情感上也常常短路（比如，过度紧张），除非有人在改变到来之前提前通知他，否则，一旦有意想不到的改变发生，他们就会不自觉地紧张起来。如果你提前帮助孩子为即将到来的改变做好准备，那么孩子就能够更好地适应这些改变。

■ 短暂的记忆

难以专注的孩子常常会被很多事物分散注意力，这样一来他们很难记住刚刚做过的事情。

14岁的艾丽西亚因学校的事情而烦恼，找我帮忙。在与她聊天的过程中，我发现她的记忆力问题已经严重影响到了她的学校及家庭生活。艾丽西亚发现自己很难回答出这样的问题：我刚刚刷牙了吗？我刚刚梳头发了吗？我刚刚吃药了吗？我关灯了吗？我锁门了吗？

我发现，清单可以帮助注意力分散的儿童更好地记住事情。

■ 观察能力差

难以专注的儿童观察能力很不好。他们无法正确感知自己对他人造成的影响，这种较差的观察能力会降低许多儿童的情商。情商在这里指儿童或青少年控制冲动、延迟享乐、自我鼓励、了解情感、读懂他人感受、面对挫折的能力，毫无疑问，低情商会打击注意力分散儿童的自尊心。

专注能力影响孩子的自尊心

难以专注的儿童经常在自尊心方面存在短板。在经年累月的负面反馈后，他们的自尊心会受到严重的打击。他们听到了太多的负面评价——同龄人和家长常常说他们是累赘、与大家格格不入、失败者、碍手碍脚、懒惰、不着调、懒虫、健忘懒散、笨蛋、怪胎，这样的环境是无法让他们建立自尊和自信的。久而久之，这些孩子就会自暴自弃，觉得自己就是这样。而长期在这种环境下成长，这些孩子对自己的负面认识也会很难改变。

有讽刺意味的是，许多难以专注的孩子虽然在某些方面很有天赋，却觉得自己一事无成。我曾见过许多注意力不集中的孩子具有惊人的艺术及音乐方面的才能，但是，不管我多么真诚地表扬他们，那些没有接受过长期辅导的孩子总是妄自菲薄，觉得自己的天赋不值一提。

自卑、易分心的孩子常常会感到沮丧，他们觉得自己已经失败了太多次，不想再尝失败的痛苦。又或许是因为，他们不想去冒险，在别人面前闹笑话，这样会导致他们的社会关系退化。

专注能力影响孩子交朋友

自卑会让孩子们的社会关系退化。许多容易分心的孩子不愿意参与讨论，与他人交谈。因为根据他们的经验，与别人相比，他们总是“缺点什么”，并且他们不想让自己出丑。

17岁的黛博拉总是无法集中精神，让自己举止得体。专注力问题已经困扰她很长时间，给她带来了不小的痛苦。我依稀记得她曾对我说过，她最尴尬的场景是过10岁生日时，当时他们一家三口在饭店为她庆祝生日。她被女服务员的紫色头发吸引了，完全没有听到母亲说的话。就在她还没回过神的时候，已经说了一句：“你头发的颜色难看死了！”

在小学和初中阶段，黛博拉一直是个很安静听话的孩子，但总是做白日梦，一副心不在焉的样子。她很聪明，但成绩却总是上不去。即便她知道卷子上的大部分答案，却总是在考试时想不起来。刚开始，面对她的低成绩，父母采取的做法是取消她的各种权利并斥责她，“你就是因为懒惰。只要你勤快点，你的成绩肯定能提高。”最后，黛博拉放弃了尝试。

一天，黛博拉又挂科了，她的老师发现她在一旁自己嘟囔：“我到底出了什么问题？”幸运的是，她的这种症状被及时地发现，得到了及时的辅导，但之前经年累月的折磨却给她的自尊心造成了永久性的伤害。

创造力有助于提高自信

许多家长和教师都惊异于注意力分散孩子的创造力，即便他们身上毛病很多，但却有惊人的创造力。虽然没有明确的证据能证明这点，但调查却表明，注意力分散的孩子在创造性方面可能取得更高的分数。

人们常认为分心的孩子都很“呆板”，其实不然，他们通常都很聪明。在某些方面，他们或许看起来不是“学习的料”，但在其他方面却展现了独特的才能，例如辨别空间立体关系等。对家长来说，赞扬孩子的这些优点非常重要。在本书中的第七章，你将学到如何通过积极的鼓励来培养孩子更好的品质，帮助他们建立自信。

阻碍你了解孩子的六大困难

到现在为止，你已经掌握了充分的背景知识，了解了注意力分散对孩子、家长及老师的影响，我已经向你介绍了专注有困难孩子脑袋里都想些什么。今天，你的任务就是以一种开放真诚的态度来看待孩子遇到的困难，让挫折与负面情绪远离你的家庭。为了做到这一点，你必须换个角度来看待孩子的困难（例如，不再将她的分心问题归结于她的懒惰或心不在焉）。现在就是正视这些问题，理解孩子的时候了。

1. 将孩子的问题归结于自己

家长们常常错误地将孩子的问题归结于自身，特别是有专注困难的孩子父母更是如此。但其实，这样做不论对你还是对孩子来说，都是非常不明智的。

曾有家长向我抱怨，他们曾因孩子的注意力问题被精神健康学者或教育专家指责。还好我身边的同事为人都很友善，我只希望这样的事情不要发生在我身上。此外，我相信在很多情况下，这些家长会对有关自己孩子的评论过于敏感。久而久之，一些家长可能会把一些无心之言当作批评责备。在我看来，任何因为孩子的注意力分散问题来责备家长的人都是十分无知的。任何为此而责怪自己的家长们，真的是在浪费宝贵的时间和精力，为何不把它们花在更好的地方，去帮助你的孩子呢？

2. 认为孩子对什么都没有兴趣

苦恼的家长们和无计可施的老师们经常会错误地认为，这些注意力分散的孩子们“对任何事情都不感兴趣”。这点十分重要，我从来没有遇到过对学习新事物不感兴趣的注意力分散儿童。确实，有些注意力分散的孩子们可能在学校里表现得不爱学习。但事实是，传统的教学方式不适合他们，并不代表其他方式也不适合他们。

为了让你能够专心地了解自己的孩子，你一定要时刻谨记，孩子所遇到的学业上的问题是由于他存在专注力问题，你对这一问题认识得越清楚，你对孩子的帮助就会越大。例如，有些有专注困难的孩子可能无法在课堂上集中精力，或者总是记不清作业的内容。还有些能够集中注意力听讲，但却忘记了交作业。难以专注的孩子们也许在某些方面做得好，但在其他方面就也许不尽人意。我会在“第四天”里面进一步讨论有关学校方面的内容。

3. 认为可以通过惩罚来让孩子更加专注

不幸的是，许多家长和健康专家们仍然相信，对孩子屁股踢上一脚就能够让他们变得更加专心。教导你的孩子是一回事，但惩罚却是另一回事。教导是在教你的孩子，而惩罚却是给他展示负面的结果——很明显，两者有很大的不同。而我是一个赞同教导，反对惩罚的人。

调查表明，与其他家长相比，患有注意力缺陷过动障碍的儿童家长们更倾向于使用教导方式。我发现，注意力分散的孩子总是会犯这样或那样的错误，但如果家长们坚持用教导的方式，而非惩罚的方式来管教孩子，与孩子之间会拥有更有效的交流。

要记住，孩子做不到和他们不想做是两码事，如果单单因为孩子做不到的事情而惩罚他是一件非常残忍的事情。我可以向你保证，注意力分散的孩子们并不想让自己惹上麻烦，你从他们脸上的泪水就可以看出来，他们不想让事态进一步恶化，他们并不是在哗众取宠。所有声称惩罚能够治疗分心的人们都被严重地误导了，教导能够对其有所帮助，而惩罚只能让事情变得更加糟糕。在“第七天”当中，我会给你提供一些积极有效的措施。

4. 不停重复“集中注意力”

最不应该对有专注难题的孩子所说的话就是“集中注意力”。原因很明显。你是在要求孩子做一件根本做不到的事情。而一旦你说出这句话，只会使孩子的情绪更加低落。这一点非常重要，因此我会拿出一整天的时间来讨论此事。在“第三天　不要再要求孩子‘集中注意力’了”当中，我提供了几种方法，让你轻松避开这一家长常用的破坏性方法，告诉你应该如何与孩子沟通。

5. 忽略孩子的感受

想想当你的上司或搭档对你说“这太荒谬了”的时候，或者他们告诉你，你变得跟你讨厌的那种人一样了，你听后是怎样的感受。或许，你会觉得他们没有在乎你的感受，不在乎你的想法。同样，当家长们说“你不应当有这样的想法”或者“我不敢相信这话是你说的”时，孩子也会有同样的感受。因此，你应当停止这样做，并试图在回复他之前站在他的角度想问题，这点很重要。与其他的孩子相比，注意力分散的孩子们更容易认为自己的想法会被否认，因为对他们来说，想要集中精力感受一下自己的感觉是件不容易的事情。所以，每当你反对孩子的观点时，他往往会对自己的想法和感觉更加不确定。

6. 认为偶尔可以集中注意力的孩子不可能分心

正如我之前提到过的那样，一些注意力分散的孩子们无法把注意力放在那些乏味的、无聊的，或者重复性的工作上，但却可以放在他们所感兴趣的事物上，例如，电脑游戏对于他们来说吸引力就很大。那些越来越吸引人的电子游戏拥有逼真的操控台，总是有各种方式来吸引孩子的兴趣。令人着迷的音乐、鲜艳的色彩、流畅的控制旋钮和灵活的按键，这些都能够让分心的孩子集中注意力。然而，你要记住，他们虽然能够把注意力放在自己感兴趣的事物上，并不代表他们能够对不怎么吸引他们的事物保有同样的专注度，例如，午餐后老师讲课的声音。

了解孩子内心想法的22种方法

以下是22种高效的方法，能帮助你了解孩子，知道他们在想什么。记住，充分了解分心孩子才是帮助他们的开始。

1. 不要再给孩子负面的回应

孩子做错了事，或者说错了话，如果你的反应是负面的，请在表现出来之前多听听孩子的想法。如果你的孩子说“我不想再上学了”，请不要立刻回应“你必须得去，”可以这样回答 :“你觉得上学有什么不好？”正如下一节我们将会讨论到的那样，家长要充分了解和认同孩子的感受。

2. 认可孩子的感受

了解你的孩子与爱你的孩子同样重要。为此，要认可孩子的感受，你可以这样回答他 :“很高兴知道你的想法”或者“我懂了”。相信我，你的认可对孩子来说非常重要，而且通常都是她非常需要听到的。同样，由于孩子很容易分心，了解她的感受能够进一步帮助她集中精力。

3. 说“不”之前请三思

孩子难以专注往往让家长们很头疼，这种无形的压力常常会让家长们对孩子失去耐心。每当你想对孩子说“不”的时候，试着说“给我一分钟，让我想想你刚刚说的话，然后我再回复你”。我知道你的孩子想让你立刻回答他，但在回答之前想一想，会让你避免做出草率的决定，不管孩子在一旁如何地催你。这么做会让孩子感到你是在认真倾听和考虑他说的话，还能够缓解你和孩子之前的矛盾。此外，你这么做也是在给孩子做示范，教会他如何才能慢下来。当你不止一次地在孩子面前使用这种方法，在回复对方之前三思，那么孩子也会向你学习。

4. 勇于分享你的想法

每当你回答孩子提出的问题时，孩子其实很喜欢让你和他分享分析问题的过程。唐娜是我曾经遇到过的一位孩子家长，她曾将此方法用于与孩子的沟通中。她的孩子叫雅各，11岁。当雅各问她自己是否能参加聚会时，她这样回答道：“我知道你想参加聚会，但你的外婆这周末会来看你，她很想见你。让我先跟她商量商量。”通过这种方式，唐娜便可以轻松地控制住孩子想马上要明确答案的压力。唐娜最后同意让雅各参加周末的聚会，但同时她也暗示了雅各，周日晚饭后需要回来陪陪外婆。

5. 不要否定孩子的人格

如果孩子总是出言不逊地顶撞你，不要说“你真是被宠坏了。你怎么敢这样跟我说话”，而是试着这样回答“这样说话是不好的”。这么做能够让你将孩子的行为与他的人格分开。正如我之前说过的那样，难以专注的孩子有严重的自尊心问题。因此，你一定要避免说出带有否定孩子人格暗示的语言，也要避免让她为自己的想法感到羞愧。

6. 告诉孩子你的感受

我鼓励所有的家长不要隐藏感受，要与孩子们分享。事实上，心平气和地表达出你的感受，或许才是教育的最好方式。真诚地表达你的想法，能让孩子了解到你的感受，知道自己哪里惹你生气了。这样的表达可以是“我对你刚刚做的事感到很失望”或者“你故意误导我，我为此感到很伤心”。记住，你是在与孩子分享你的感受，而不是在攻击他们，更不是非得让她有所回应。孩子是否认可你的感受，其实并不重要。

7. 同孩子说说你的想法

与孩子分享你的感受能让孩子知道你的想法，这样也能帮助他学会如何表达自己的想法。这是一种有效的情感模范方式，或者用关系专家约翰·戈特曼（John Gottman）的话来说就是“情绪教育”。例如，或许你会说“今天我在工作上糟透了，我感到很失落”或者“对不起，我犯了个错误”。然而，切忌过犹不及，如果你说了过多自己的感受的话，你的孩子可能会被你的情感淹没（甚至觉得无聊）。相反，如果你从来不表达你的感受，那么孩子可能在表达自己感受的时候感到不自在。

8. 适当使用想象

有趣的想象有时能够帮你了解分心的孩子。如果你的孩子非常想拥有一件她得不到的东西，鼓励她去想象一下她想要什么，并让她描述出来。你可以这样引导：“如果我们现在停下车，你会做什么？”或者“我觉得你肯定不希望妈妈这周出差，她能做点什么让你感到不那么难受？”

9. 问问孩子她想改变什么

当你的孩子抱怨某件事情，你可以问问她有什么好的建议去改进。例如，如果她说“我不喜欢音乐课，因为史密斯老师太刻薄了”，你可以先问她：“史密斯老师做的最刻薄的一件事是什么？”然后，你可以继续问她：“那你希望老师怎么做？”通过这样的对话去寻找问题的答案，能够让你了解如何去更好地帮助孩子。首先，要让你的孩子大胆地说出自己不满意的地方。然后，让她给出一个不同的方案。你所做的不仅仅是鼓励她去分析问题、讨论问题，也是在鼓励她解决问题。

10. 使用幽默——但不要伤害到孩子

我知道教育分心的孩子是一件非常严肃的事情，但并不是每件事情都需要用严肃的态度去处理。有时候，幽默才是了解孩子想法的最佳方法。如果孩子对你大吼大叫，你可以说：“哦，我好心塞呀”而非“不要用这样的语气和我说话”，不要再说“赶快把你的房间收拾干净”，要说“这地方看起来像一间大型化学试验室！虽然我还没有看到霉菌，但它马上就要长出来了”。

你甚至可以建议孩子在写作业之前看一段喜爱的喜剧电影。轻松幽默的氛围能够减少紧张感，还能帮助你进一步了解孩子。

11. 讲一个你小时候的有趣故事

大部分孩子都喜欢听父母讲述自己的成长故事。处理棘手问题之前，可以给孩子讲讲自己当年经历过的类似事情。你可以说说在你小时候，因为拖拖拉拉做事与父母之间产生的矛盾。当你的孩子听完你的故事，她会发现你曾和她一样，就会知道你能够理解她，会更愿意与你诚心交谈。但你无想须将所有的对话都转化成你当年的故事。如果你每次都说“我知道你的感受，让我给你讲讲当年发生在我身上的事情吧”，只会起到反作用，让她越来越反感。

12. 多关注积极的一面

难以专注的孩子已经听到了太多的批评。如果你想成为一个善解人意、支持孩子的家长，那么你需要尽可能地在负面评价与正面表扬之间找到平衡，这一点非常重要。例如，当你的孩子做了一出恶作剧，弄得四周乱七八糟时，你可以说：“聪明的恶作剧！但是现在我希望你能把这烂摊子收拾一下。”或者，当你的孩子拿着低分卷子回家的时候，你首先要肯定她答对了哪些题，然后再谈谈哪里做错了。

13. 承认自己的错误

我最好的朋友喜欢说这样一句话：“根本不存在完美的人”。只要我们还活着，就有地方需要改进。分心的孩子尤为喜欢听到父母承认他们自己的错误。你越能勇于承认自己的错误，你就越能给孩子做出更好的榜样。这样做还有一个好处，那就是让你站在孩子的角度看问题。当你与孩子因为某个问题产生争执的时候，你可以这样对她说“有什么更好的办法能让我处理这件事呢？我们是不是该想想其他的不同方法”？

14. 化繁为简

用简单的语言与孩子沟通能够让他们更好的抓住谈话的宗旨。一句简短的回答或许要比长篇大论效果要好。在遇到问题时，孩子们通常都喜欢简单、直接的答案。烦琐长篇的解释只会让孩子感到困惑无聊。

另一种方法就是给她留一个简单的字条。有时候，年龄大一点的孩子更愿意接受书面的指示，而不愿意听父母口头上的唠叨。你在字条上可以这样写："请在这里写下你何时会回家"。或者"今天我希望你能打扫下你的房间"。只要孩子愿意配合，他们就会喜欢列出清单，完成一项勾掉一项，这样对他们来说也是与父母处理问题的一种方式。

15. 注意语气与措辞

有时候，并不是你说的话，而是你说话的语气导致了这样或那样的后果。即便你的孩子有注意力方面的问题，也千万不要觉得她注意不到你说话的措辞和语气。难以专注的孩子能够很快地感觉到父母的感受，因为通常情况下，孩子并不是在听你说些什么，而是在看你的表情，根据你的语气做出反应。

16. 站在孩子的角度审视自己

当你感到争吵即将到来，问问自己："我自己愿意听到别人这么对我说吗？"如果你不喜欢听到自己这种说话方式，再问问自己："我是不是因为什么别的事情生气，而我自己，我根本没注意到？"在我的第一本书中，讨论了情侣之间暗藏的小心翼翼。我提到过，在亲密关系中，情侣们要时刻注意自己对对方说的话，这点很重要。在教育分心的孩子时，也同样要注意自己的语气与措辞。只有你注意了这些，你的孩子才会更愿意听你的话。

17. 避免诱导性问题

诱导性的问题，或者带有答案的问题——例如，"你是不是根本就不愿意写作业？""在我们出发前，你不想换件衣服吗？"或者"你还不明白吗，这样耽误时间会打乱我的计划？”——其实都是责备的话语，而非问题。用这种方式与孩子沟通，有一种居高临下的态度。这些问题换来的通常是闷闷不乐的回答，或者一句老掉牙的回答“不是”。相反，问孩子开放性的问题效果则大有不同。像“现在你最喜欢（最不喜欢）学校哪一点”这样的问题才会换来有意义的答案。如果你想问孩子关于作业的问题，可以这样询问“你最近好像不太喜欢做数学作业。你能告诉我出什么事了吗？”相比之下，如果用诱导性的问题问同样的事情，则变成“如果你还是不写作业，你的英语不就会落下了吗”？

18. 避免概括性问题

不论你家有学龄前儿童还是青春期前儿童，像“在学校过得怎么样”？的问题通常只会换来很简单的回答，例如“不错”“不好”“还行”，即便这些问题是出于好意。这种概括性的问题通常只会让话题终止。

相反，根据具体内容提问则会换来更理想的对话。要问最近刚发生的事情，例如“最近上西班牙语课感觉容易些了吗”，这样的问题才会奏效，因为它是根据孩子独有的经历所提问的，这样才能让她进行思考，给你更加具体的回复。

19. 腾出时间，听听孩子的话

要通过某些具体的动作与孩子互动——比如进行眼神交流，跪下来与孩子同样高，甚至歪一歪脑袋——这样才能表现出你在认真听孩子说的话。这些方法同时也能帮助你停下手头上的事情，认真听孩子说话。如果你现在没时间与孩子交流，你可以说：“待会儿我们再聊天吧。现在我手头有点事儿需要忙。”在你忙完后，一定要回到孩子身边听他把话说完，千万别忘了。

20. 用心听孩子说话，并适当重复

你可以重复你听到的内容，将孩子的感受转化成语言，这招通常很管用。为了向孩子表示你在试图了解她的想法，你可以这样说“你想写完作业后，让我带你去杰西家，不是吗”或者“你今天看起来不太想上学”。这些思考性话语就是在认同孩子的感受，并将其转化成语言。

21. 问具体性问题，收集更多信息

如果你的孩子忘记上交作业，你的任务就是了解中间出了什么差错。首先你要保持冷静，表现出你的信任，你可以这样问：“你能跟我说说具体都发生什么事了吗？”当有机会聊更多的时候，你可以继续问：“你对老师今天的反应，哪里觉得不舒服？”这种继续跟进性的问题不仅能够认同孩子的想法，还能让她愿意倾诉更多。这种方法能让你获得更多的信息，进一步了解事件发生的经过，以及孩子的真实想法。记住，在过程中保持冷静、坚定、亲切，才是关键。

22. 沉默是金

今天讨论的内容大部分都是通过言语让孩子觉得自己被理解。但请记住，分心的孩子们也需要时间与空间来整理自己的思绪，从而表达自己。有时候，让孩子感到自己被理解最好的方式就是沉默。有时候，一个简单的微笑，或者轻拍肩膀都会让孩子心里感到宽慰。在孩子表达想法之前，如果你保持支持性的沉默，他们很可能在准备好后与你倾诉更多。

第二天 总结

今天，你已经在了解孩子的路上又前进了一大步，知道了他们的情感顾虑，了解了他们的需求，为接下来几天内容中的大量方法做了铺垫。在接下来的学习中，请记住如下内容：

- ❑ 你对孩子的想法以及与他沟通的方式，对于了解她来说十分重要。
- ❑ 了解你的孩子能够让她有足够的安全感去信任你。
- ❑ 难以专注的孩子会感到自己一无是处，而你的理解会帮助他们重拾信心。
- ❑ 难以专注的孩子常常会遭人误解，而你的理解对他来说是一份难得的礼物。
- ❑ 你越了解你的孩子，他就越愿意接受你的帮助。

DAY 3

第三天
不要再要求孩子“集中注意力”了

卡西绝望地看着我说：“杰夫医生，我知道你告诉过我，布莱恩并不是故意选择分心的，但你真的不明白我的处境！”

听了她的话，我心里一沉。我尽了最大的努力，让自己感到没有被冒犯，我鼓励这位家长，让她说出自己的困境。

她这样说道：“我觉得自己都要发疯了，因为我根本停不下来，总是要求他去集中注意力，而我最后总会忍不住大发雷霆！”

我对卡西说，这对于家里有分心儿童的家长来说很正常，并感谢她如此坦诚地告诉我她的困难。之后我说：“卡西，这样看来，我觉得你想说的是，面对布莱恩不能够集中精力，你无法控制自己的情绪，对吗？”

卡西深深地叹了口气，说：“恩，是啊。现在你明白我的困境了。”

我说：“现在你明白了失控的感觉是怎样的。看样子你和布莱恩遇到了同样的问题。一直以来，布莱恩都在克服分心方面存在困难，而你的困难在于无法控制好自己面对布莱恩的情绪。”

卡西难为情地说：“好吧，我想我懂你的意思了。杰夫，请你帮帮我。

我确实需要些方法来控制住自己的情绪。我感觉现在根本控制不好。”

与其他许多家长一样，卡西也发现，在帮助孩子解决专注力问题的过程中是存在悖论的：在教育难以专注的孩子的过程中，家长需要对孩子进行严格的要求，但这却让孩子的情况变得进一步恶化。我从事这方面的研究有20余年，帮助了超过1000名家长和儿童，我以我的经验告诉你，陷入这种困境——家长表现过激，对孩子提出无理要求——简直再正常不过了。例如，当孩子没有认真听你说话的时候，你很自然地会提高音量，对他吼叫。但这样做只会让他的分心情况变得更糟糕。正因为在孩子面前控制你自己如此重要，所以我们要用一整个的章节来讨论。

让我们回到卡西的故事。她所面临的困难是无法控制好自己的情绪，不让自己生气。其实她有这样的情绪也很正常，特别是在接到学校无数次的警告信，通知她孩子的功课一团糟的时候，特别是她每天还要忙于解决家庭和学校纷争的时候，谁能责怪她呢？或许，你也经常为此感到生气、疲倦、伤心，认为自己不是合格的父母。或许你也在担心，自己的孩子如何在这世界上立足。但是，相信我，你并不是一个人在战斗。这种过山车式的焦虑和压力即便对最有耐心的父母来说都很难应对。

现在，我要与你分享的好消息是，从今以后，面对同样的事情时，你不必再情绪失控了。今天，我会给你提供一系列的方法，教你在教导分心的孩子时，如何有效控制负面情绪。这对你来说无疑是巨大而又重要的一步，因为学会了这些方法会让你如释重负，拥有更多的精力去帮助你的孩子。你对压力控制得越好，孩子就越喜欢与你沟通交流。相反，如果你无法控制好自己的情绪，那么孩子也会效仿你，变得越来越暴躁。

今天，你将学到如何用更聪明，更轻松的方法来满足孩子的需求。

分心会让人情绪失控

教育难以专注的孩子是一件令人痛苦的事情，因为你根本无法预料到下一个麻烦在哪里等待着你。我先帮助你指出所有你可能在这过程中遇到的困难。请仔细阅读“分心会导致的问题”清单，里面都是能导致你面对孩子情绪失控的情况。在你阅读的过程中，请思考它们都是如何影响你的。这个清单虽然不全面，但却很有代表性，都是家长们确确实实遇到过的问题。

分心会导致的问题

- 你已经告诉他五遍如何做数学题，孩子却一直在兴致勃勃地玩他的铅笔。
- 收到了学校老师的字条，上面写着孩子在学校的不良表现。
- 看到孩子花了好几个小时玩电子游戏、上网，或者看电视。
- 听到孩子说谎，说今天没留家庭作业。
- 听到孩子抱怨某件事没有给他办好，而这件事明明他可以自己做。
- 在开车送孩子上学的路上（因为他没有赶上公交）听孩子说，他忘记了今天是一个重要项目的截止日期。
- 孩子告诉你老师不想回答他的问题，但此前你在家长会上了解到，孩子从来不寻求他人帮助。

- 看到孩子在心不在焉地写作业（例如，脚放在沙发上，坐在地板上，随便瞎写东西）。
- 听孩子说他为考试做了准备，但却得了F。
- 发现孩子没有完成日常工作或交代的任务。
- 发现孩子“忘记”交作业。
- 发现孩子从不第一时间记下老师布置的作业内容。
- 孩子的成绩报告单上写着D和F。
- 接到邻居打来的电话，说你的孩子与他的儿子打架了。
- 洗衣服时发现孩子的裤兜里有大麻——但他否认这是他的。

现在你知道是什么让你情绪失控了，让我们来看看接下来情绪失控时会有哪些表现。以下是孩子不能专注时家长们常有的情绪失控表现。如果你符合一条或更多的内容，并不代表你是个不合格的家长。我想说的是，这些表现只会阻止你成为最称职的家长。或许，你早已发现，这些表现在帮助孩子时总是起到反作用。请在符合你情况的横线上打钩：

情绪失控表现清单

____ 对孩子大吼大叫

____ 对孩子摇头

____ 猛然举起双手

____ 采取突然强制的措施

____ 用负面的话语羞辱他

____ 通过语言或动作嘲笑他

____ 无视你的孩子

____ 总拿他与其他孩子做比较

____ 使用负面标签性词汇（如“臭小子”）

____ 对孩子很冷漠

____ 抱怨孩子

____ 对孩子进行说教

____ 威胁孩子说你要把他送到寄宿学校

____ 大声说如果他不好好上学，他的一生就毁了

家长失控会引发的四个问题

当你情绪失控时，其实是在拖孩子的后腿，因为你的负面情绪会传染给孩子，让他失去更多的动力。这里我要说明，我并不是说偶尔的情绪失控就说明你是个糟糕的家长。我也不是说，是你造成了孩子的分心。我要说的是，如果你总是情绪失控，这不仅会妨碍你有效使用本书提供减少孩子分心的方法，还会适得其反，造成更糟糕的效果。

几年前，伯特和辛西娅找到了我，他们说自己10岁的孩子亚历克斯，是个“懒惰、有点愚蠢、喜欢使唤别人”的孩子。亚历克斯在学校很叛逆，从来不写作业，这让他们很生气。此外，亚历克斯在家也不喜欢做家务，

伯特和辛西娅拿他毫无办法。亚历克斯自己也想不通，为何父母觉得做家务那么重要。伯特曾在电话里对我说，他发现体罚亚历克斯好像也没什么作用。至少伯特发现了体罚是没有用的，我感到很欣慰。

然而，当我们第一次见面时，伯特和辛西娅就坚持说亚历克斯“能把想做的事情做好”。刚见面的时候，我发现他们在教育孩子方面很有挫败感，他们对我说：“我们尽力了，杰夫医生。我们一直坚持了下来。为了鼓励亚历克斯再努努力，我们已经禁止了他很多事情，比如看电视、玩电子游戏，我们甚至站在他旁边看着他学习。但这些都无济于事，反而让问题变得更加严重，我们跟孩子之间的关系也糟透了。”

我看了亚历克斯的档案和在学校的表现。鉴于他长期不稳定的成绩，以及并不优秀的表现，我强烈建议他父母去找学校，让学校开一份亚历克斯学习方面的能力评估报告。几个月后，报告出来了，从中可以清楚地发现之前没有注意到的缺陷，特别是在专注力、组织力及语言能力方面。这时候，伯特和辛西娅才明白，自己的孩子确实“有些问题”，于是他们改变了自己的想法，与学校积极配合，一起帮助亚历克斯完成学校为他量身定做的教育方案，在这份方案里，对亚历克斯的要求更加实际与合理。

现在，亚历克斯感到被大家所理解，不再对家长和老师充满敌意，并且更愿意在学习上下功夫了。他之前在家和学校所表现出的抵触情绪也大有缓解。针对他的学习问题，还需要采取一些措施来克服。

最开始，亚历克斯在一次咨询会上对我说过，他觉得自己“不会说话、非常愚蠢，上学对他来说就是浪费时间，因为他根本不会去学习”。谢天谢地，他看了自己的评估报告后，改变了这一想法。亚历克斯明白了，虽然他有分心导致的学习障碍，但并不能说明他就是个笨孩子。事实上，给亚历克斯做报告的评估人员发现了他身上许多的长处，并与亚历克斯分享，这让他逐渐有了责任感，建立了自尊心，对生活越来越乐观了。

亚历克斯的例子充分地说明，当父母控制好自己的情绪，找准方法帮助孩子后，会收到多么积极的效果。如果伯特与辛西娅没有做出这么明智的改变，还和原来一样，亚历克斯则会感到十分伤心，格格不入，从而离他们越来越远。经常对孩子吼叫不但毫无作用，反而会让事情变得更加糟糕，同时还会引发下面四个问题。

■ 孩子感到绝望

当你情绪失控时，你就是在阻止你的孩子去理清自己的思路和感受。在父母密集的检查和压迫的压力下，不专注的孩子很难有好的表现。在你失控的情绪面前，你的孩子会逐渐感到绝望。一旦感到绝望，他们就失去了前进的动力。很多分心孩子在绝望时会使用其他词汇来表达感受，例如“累了”“无聊”或者“生气”。通常情况下，每当我进一步询问时，孩子们会放松警惕，承认在父母情绪失控时，自己确实会感到绝望。

■ 孩子感觉不到你的爱

你的过激情绪同样还会让孩子觉得你不再相信他了。所有的孩子（包括成年人）都需要他人的认可。雨果曾说：“有人疼爱才是生命中最快乐的事。”然而，当孩子觉得父母对他们失望的时候，很难感到父母的爱。

14岁的萨拉曾对我说：“我的父母更关心我是否完成了作业，他们并不关心我。”听到萨拉这么说，是件多么令人感到悲哀的事情。她的父母爱她——非常爱。但只有在父母停止对萨拉的学业和作业问题生气的时候，萨拉才能感到父母的爱。你的孩子看到你情绪失控时的状态，就如同你在听广播的音频一样。你的话语里根本没有表示关心的词汇。讽刺的是，正是你对孩子的关心和爱才让你有这样的反应。然而，如果你不能管理好自己的情绪，孩子根本无法听你说话。

我与我的三个孩子关系一直很好，为此我感到很欣慰。然而，我仍记得曾经某些情绪失控时候的样子，那就是在与他们玩“情绪追逐赛”。

■ 孩子会消极反应

对孩子大喊大叫或者表现得过度悲伤，都会让孩子感到虚伪。你给孩子做出的示范会让孩子觉得，成年人无法控制好自己的情绪。不幸的是，对孩子来说，你的过度激动反而会让孩子觉得你不是理想的倾诉对象。

我建议你在与孩子打交道的过程中认真观察自己的行为，这是你的责任。在与孩子互动时，想想你有多大的勇气能将对孩子的态度放到电视上播出去。同样，在每次你用好脾气对待孩子时，可以给自己一些奖励。

■ 孩子感到被误解

我曾问过几位难以专注的孩子，让他们说说被父母误解时的感受。12岁的罗琳对我说：“当我父母不理解我时，特别是我在极力解释的时候，我感到自己想冲他们大吼大叫，因为我要气炸了。”15岁的罗伯特说：“当他们不理解我时，我感到很生气，心乱如麻。”13岁的夏洛特意味深长地说道：“我会感到很伤心，因为当被他人误解的时候，我真的会怀疑自己，不知道自己想成为什么样的人，也不知道自己想做什么事。”

在与这些孩子聊天的过程中，我能感受到他们对这个话题的沉重感受。显然，最后一个孩子的感受是最酸楚的。当孩子感到被误解时，他会觉得自己无法再做自己了。这样一来，孩子的生气、尖叫、发脾气和哭泣都变得可以理解了。当我们的孩子觉得我们没有用心听他们说话时，他们就会产生很大的负面情绪，直接影响到他们的存在本质。

除了发脾气，你还有其他办法

或许你已经开始错误地认为，“让他听我话的唯一方法就是让他知道我生气了”。其实这样做是大错特错的。让我们看看12岁伊恩的例子。

在辅导的第一阶段，伊恩一直不太爱说话。在第一阶段快结束的时候，我对他的到来表示了感谢，并告诉他我真心希望自己能够帮助到他。突然，他眼圈泛红，哭了出来。

伊恩对我说，他讨厌上学、讨厌写作业，他甚至讨厌他自己。他的父亲德克与其他家长一样，面临一个棘手的问题：他的孩子不愿意完成作业（“第五天”里有针对孩子写作业的方法）。与其他的家长一样，德克认为，他只有生气才能让孩子乖乖地写作业。幸运的是，我让德克学会如何了解伊恩，让他放下急脾气，不再暴躁。伊恩为此很感激，他非常需要父亲做出改变，这样他才能对自己的感觉好一些。

下文是一些有效的方法，能够帮助你控制你的情绪，让你不再生气。

控制情绪的28种有效方法

今天我为你分析了许多原因，并且在接下来的章节当中你还会学到更多的内容，这也许会让很多家长感到，在学校和在家教育不能专注的孩子就如同有了第二份工作。我当然理解，控制住情绪并不是件容易的事情。事实上，这是个艰巨的挑战。有许多方法能帮助分心孩子去听话、学习、专注、举止得体，但在此过程中，如果身为家长的你无法控制好自己的情绪，那么所有的这些方法将毫无作用。

1. 不要给孩子贴上撒谎的标签

当你一而再、再而三地被孩子的话误导，你很可能给孩子贴上撒谎的标签。贴标签这类想法（例如，“你是个自私的丈夫。”）会有损情侣间的亲密感情。同样，这种情况也在教育孩子中出现。当你听到孩子说“我以为我交作业了”时，你心里会想“你为何要对我说谎？你根本没打算交作业”。毫无疑问，被孩子欺骗是件令人恼火的事情。但你要知道孩子这样找借口的根本原因是什么，如果你误解了他的本意，将会导致很严重的问题，而为此给孩子贴上说谎的标签则只能让事情变得更糟。记住那句古老的谚语：“给人贴上什么样的标签，他就变成什么样。”

吉米是我辅导的一位13岁儿童，他告诉过我：“我说谎是因为我不想告诉爸妈事情的真相，因为一旦他们知道了肯定会生气。还有一个原因是，他们虽然听到的是假话，但他们当时会很高兴。但如果他们发现我骗他们，他们会很受伤，感到很伤心，其实我也同样伤心。”

请控制好自己的情绪，不要给孩子贴上说谎的标签。不要抓着证据不放——这只会让局面更加难看。切记，你的目的并不是证明你对了，而是要敞开心扉与孩子好好谈谈。不要把关注点放在说谎这件事上，而是要放在解决问题上。你可以这样说：“那么，好吧，或许你真交了作业，让我们来放轻松，讨论下如何交作业吧。”

2. 要知道，孩子找借口，表示他很脆弱、很害怕

在分心的孩子给自己找借口的时候，家长们会觉得在孩子的眼里这事儿根本无所谓。当我听到三年级的杰米与妈妈的对话时，我不禁笑了。杰米对妈妈说：“如果老师能和蔼点儿，我会更加认认真真地坐在凳子上好好听课。”相信我，根据我的经验，我可以告诉你，你的孩子所承受的痛苦不比你少。通常情况下，分心的孩子会感到很无助、没有希望、害怕——这才是导致他们说谎的原因。

3. 别被表象蒙蔽双眼

不要让孩子的情绪影响到你，让你也变得暴躁起来。同样，不要陷入这样一个误区，觉得孩子只是在夸大其词、无理取闹。虽然有些分心孩子会有表演的倾向，但这并不表示他们心里没有情绪波动。

如果你因孩子的无理取闹而感到生气、烦躁，或者失去控制，你的状态已经不适合给孩子提供情感支持，也不适合解决问题。受到负面情绪影响的你，脑子里会充满各种想法和措施。记住，孩子们这样做通常是因为他们的自尊心很弱，并且失去了对未来的信心。他们只有通过这种极端的、适得其反的方法，才能发泄心中的不满，这些不满来自于失败、绝望和羞辱。

身为家长的你要记住，患有注意力分散症的儿童所经历的情感波动要比正常儿童多很多。他们处理负面情绪的方法常常是通过挑衅的举止，而不是通过倾诉。

4. 躲开鱼钩

一个分心孩子的家长就如同桶里的鱼。孩子扔下来一个鱼钩，你就上钩了。事实上，有许多家长对我说过，这个鱼钩的比喻对他们来说还真有帮助。不论是什么把你惹生气了，是忘交的作业、没有做家务，或是无礼的顶嘴，都可以把它想象成一个鱼钩。如果你不愤怒地张开嘴，这个钩子就会飘走——至少会走开一会儿。当然，你咬得越少，下次来的鱼钩就越少。

5. 明确又具体

你给孩子传达的信息越明确，你的自我怀疑就会越少。你对自己怀疑越少，就会越冷静。其实，你的孩子同样需要明确的指示。所以，下次别再说“把房间收拾了”，而要说“把床铺好，把地上的衣服捡起来”。试着用“要赶在六点之前回家”代替“别回来晚了”。再如，不要说“该睡觉了”，而说“现在已经九点了，你该上楼冲个澡然后睡觉了”。

同样重要的是，当孩子坚持己见的时候，你要用积极、平和的语气对他说话。比如你可以这样说：“如果你想骑自行车，我可以同意，但你一定要一直戴着头盔”。还是那句话，你对孩子说的话越详细具体，孩子就越容易做到，这样你就更不容易生气了。

6. 找个时间让自己静静

教育难以专注的孩子非常费精力，因此要适时地给自己放松一下。

每个当父母的都需要给自己偶尔放松一下。你可以与你的伴侣轮流看着孩子，检查他的课业情况，另一个人可以暂时放松一下。也可以轮流在周末睡懒觉。如果你是单身父母，可以请朋友或者亲戚过来帮忙。或许，他们可以在你外出的时候帮忙带孩子。我还发现，平静的祷告也是有用的："上帝给我这一宁静的一刻，是为了让我接受那些我无法改变的事情，鼓励我去改变我能改变的事情，给予我智慧，让我认清二者之间的不同。"

7. 不要辱骂孩子，把注意力放在行为上

在解决专注问题的时候，不要让自己找错重点。不要把精力放在他忘记倒垃圾这件事上（即便在提醒了他五遍之后），不要给他贴上缺乏责任心的标签。不要说侮辱他的话，例如"你什么时候能有点儿责任感"，这只能让他无法安下心来做事。为此，你要这样说："我想让你把垃圾倒了，这样我们两个就能一起愉快地看电视了。"

8. 保持冷静、坚定、摒弃控制欲

我曾建议家长们在淘气的孩子面前，时刻保持冷静、坚定、摒弃控制欲。同样，这种方法也适用于面对会分心的孩子。难以专注的孩子对周围的环境非常的敏感。如果你在与孩子交流的过程中表现的越情绪化，那么就会让他越难集中注意力。

我提出的冷静、坚定、摒弃控制欲的方法能够帮助家长们减少很多麻烦，同时还能让家长们明确的知道，他们的期望和价值所在。简而言之，该方法能让你控制好情绪，明确地阐述自己的期望，不再陷入挣扎的深渊中。

9. 遵循黄金法则，保持愉快心情

由于教育孩子需要花费很多心思，你有时候会觉得筋疲力尽。当感到压力太大时，你或许会在行动上表现出来，而你的孩子会察觉到。其实，一句简单的“请”和“谢谢”就能让孩子更愿意与你配合，这一点也曾出乎我的意料。

一个能帮助你保持愉快的方法就是，让自己跳出现在，想象以第三者的身份观看录像。每次，当你与孩子交流时，问问自己：“如果我在录像带里看到现在这样与孩子交流，我会觉得如何？”我曾经帮助过一个名为布鲁诺的父亲。他发现这招在情绪管理方面非常实用，特别是面对他那14岁的儿子安德烈的时候。他告诉我：“杰夫，这简直太神奇了，每当我跳出来审视自己的时候，我发现，我确实需要改善与孩子打交道的方式。一旦我对安德烈改变态度，表示友好，曾经一向沉默寡言的他也能察觉到我的变化。”

10. 不要认为生气的你是个不合格的家长

不要因为你的生气而生气。很多家长都会因为自己生气了反而感到更加生气。这就如同，你发现自己紧张了，反而会更加紧张一样。当你失去控制，变得暴跳如雷的时候，不要让自己更加生气。只要想象一下自己用拖巴和桶将杂乱的思绪清理干净，然后继续做该做的事。

事实上，大部分家长都会对孩子大吼大叫，失去耐心。感到生气是很正常的事情，但拿孩子出气就是你的不对了。当你感到生气时，赶快休息一下。出去走走，或者找朋友帮忙，都是不错的选择。如果你几乎每天都与孩子生气，或者每天都控制不好自己的情绪，你可以找专家帮忙。一个有资质的心理专家能帮助你理清思绪、管理好你的情绪，让你不再那么生气。

11. 做朋友，不做敌人

用你的语言和行动让孩子知道，你们是站在一边的。许多家长和孩子会因为做作业的问题变成对立的敌人，当双方情绪激动的时候，孩子会觉得你马上就要骂他了。但每当这个时候，却正是让孩子重新认识你的机会，让他看到你与他为友，而非敌人。你可以这样与他交谈："让我听听你的想法"或者"你看起来好像有话要说，让我们找个地方谈谈吧"。

要站在孩子的角度考虑问题。例如，当孩子抱怨学校老师不公平的时候，你可以倾听他的想法，却不必非得同意他的观点。同样，要记住，在与孩子沟通的过程中，要语气和蔼，态度开明，这样才能让孩子觉得你愿意听他说话，即便你与他的看法不同也要这样做。

12. 采取行动前，听听孩子怎么说

如果你的孩子不够专注，你会遇到很多挑战与问题，有时你会感到恐慌不安，会没等听完孩子说话就去不自主地打断他。要时刻提醒自己："慢下来。我还没有听完孩子说话，不能做出草率的行动"。你还可以这样与孩子说"现在，我更理解你的感受了；让我们一起讨论下，从这件事情中我们学到了什么。或许我们两个都会有收获——这能让你更加了解你自己，也能让我更好地了解你"。

13. 要相互坦诚

不要害怕谈论你在一件不愉快事情中的表现。梅丽尔曾对我说，当她发现16岁的女儿莉兹抽大麻的时候，她十分震惊。梅丽尔觉得，自己

已经“为孩子做了所有该做的事情”，她指的是为了莉兹的注意力和行为问题所付出的辛苦。我建议梅丽尔先不要急于和莉兹谈话，而是让自己先静一静，控制一下内心的激动心情。然后，我与梅丽尔和莉兹一起见了面。当然，我们并不是要纵容莉兹抽大麻，而是让梅丽尔表态，她告诉莉兹，看到莉兹没有否认，反而敢作敢当，她为她感到骄傲。梅丽尔很聪明，她没有逼莉兹开口说话。当然，莉兹后来自己开口了，梅丽尔表现得很开明，并且鼓励莉兹继续表达自己的看法。逐渐地，她们母女二人重新信任彼此，开始敞开心扉。她们谈论到，是她们之间的紧张关系，外加越来越大的同龄压力导致莉兹尝试大麻的。这种开明的、相互信任的对话让母女间多年来的隔阂消失殆尽。

14. 分享你的故事

与孩子分享你的或者别人的故事，让他知道，人人都会遇到困境。我曾经辅导过一个14岁的男孩，他曾在当地的音乐店里行窃。当他的父母问他为何这么做时，他只是耸了耸肩，说“我不知道”。但在父亲与他分享了自己还是青少年时酒驾的事情后有了好转。父亲的坦诚让儿子说出了真正原因，他说是因为感到对生活沮丧，所以才做出了行窃的事。

另一个方法是，你可以拿名人的故事教育孩子，说说这些名人曾做过的错误的决定、遇到过的挫折，等等。你会发现，当你用这种方式与孩子交谈时，孩子会更愿意对你敞开心扉，坦然地面对自己的错误。

15. 对自己好一些

教育一个分心孩子实属不易，你需要付出更多的额外时间，面对更多的财政压力，或许还有来自学校的挑战，整个家庭也会承受更多的压力，你的生活被它们层层包围。千万不要忘了对自己好一些。如果你把自己弄得身心俱疲，你是无法照顾好孩子的。无论什么时候，都要为自己考虑一下。要有健康的饮食和适当的休息。你可以选择加入互助小组，或者报一个学习班，爱抚你的猫咪，出去看个电影，逛个街，或者与你的咨询师聊聊天。

16. 相信你的直觉

没有人比你更加了解你的孩子。我们的直觉控制着我们如何回应。它们是强有力的驱动力或推动力。要学会去倾听你内心的声音。相信你的心，当你与孩子聊天时，要用心交流。要关注你自己的感受和想法。想要做到相信自己的心，第一步就是要承认并理解分心孩子的内心挣扎。

曾有一位母亲向我求助，她说她的儿子17岁，刚申请大学。当她收到一所大学的拒信时，她真的不知道该如何告诉儿子这个不幸的消息，这所学校可是儿子梦寐以求的地方。经过我的引导后，她决定做自己，跟着自己的心走，把事情告诉儿子。虽然孩子听到这个消息感到很失落，但他却很感谢母亲这么多年来对他学业上的支持。两周后，这个男孩被另一所大学录取了。母子俩一起分享了这份喜悦。

17. 别让愧疚打败你

家有难以专注的孩子，父母很容易感到愧疚，因为他们把过多的时间都放到了教育孩子身上，而忽略了家里的其他成员。其实这是所有分心孩子的家长们都会遇到的问题，而如果你非要强迫自己挤时间去照顾其他成员，也是件费力不讨好的事情。你只需要自己尽力就好，但也要做好其他家庭成员偶尔因为被忽视而抱怨的准备。记住，所有家长都会因为这个问题而大伤脑筋。你可以列一张表，写上你为伴侣和孩子所做的事情，这样可以让你心里有些安慰——你已经尽力了。

18. 保持耐心

如果你需要一直保有耐心，请不要感到烦恼。有耐心固然好，但如果你一时失去了耐心，也不要认为自己是个不合格的家长。当你慢下来，做几下深呼吸，告诉自己一切都会好的时候，你会有一种充实感。每当你记起要有耐心的时候，轻拍自己的后背。养成写日记或写博客的习惯，观察自己在不同的环境下是如何沉静下来的。要为自己感到骄傲，因为你给孩子树立了很好的榜样，通过健康的方式来放松自己。

19. 理解并接受孩子的专注力问题

我遇到过太多家长不停地抱怨孩子为何不能变成他们想要的那样。其实，当你觉得，孩子的困难会影响到你对他的期待和期望时，你有这种失落感是很正常的。但是，除非你承认这种失落，继续让自己前进，否则你将无法摆正位置，认识孩子的本质。

我曾帮助过一位叫乔治的父亲，他觉得自己应当保护儿子威尔，带他走出童年的伤痛。威尔勉强高中毕业，生活对他来说一直不容易。在与乔治的谈话中，我发现他之所以会感到愧疚，是因为他在威尔这么大的时候也有同样的问题，但现在却爱莫能助。在写这章内容的时候，我很高兴地听到一个有关他们的好消息，威尔在当地的社区大学读了两年，拿到了文凭，之后打算转学到四年制大学读书。

20. 摆脱顾问标签

我知道给出这个建议可能不是时候。你会遇到许多人，他们都觉得很了解你的孩子，但其实他们根本不了解他。有些人或许会觉得你孩子不够专注，是因为他“懒惰”。我甚至听亲戚说过，“就是因为家长不会教育。要是我，一周之内让他改过来。”其实，这样的认识是不对的。

不要一味地听从家人或朋友的话，不要让他们告诉你“应该”做什么。当对方根本听不进去的时候，你可以制作一个顾问标签，贴到那些给你不请自来的建议者身上。或者，为了避免失去那些出于好意，但却不知道如何表达自己的朋友，我有一个更好的建议：你可以用想象出来的标签——但要小心，在听对方说话的时候，不要在一旁傻笑。

21. 玩得开心点

在教育难以专注的孩子的过程中，会遇到很多严峻的挑战。然而，即便这样，你也要时刻保持开心。我时常想起一个8岁的男孩，他也有注意力分散问题。每当母亲因为他而感到失望或生气的时候，他都能敏锐地察觉到。我很理解这位母亲的绝望感受。之后，我给了她一些建议，与她讨论了让孩子重新感到自己受到重视的方法。最后，这位母亲安排了每周一次的“私人时间”，也就是上学前，带着孩子一起去当地的甜甜圈店吃早餐。男孩后来骄傲地跟我讲述跟妈妈一起的私人时间。这种特殊时间对改善他们的关系来说很有帮助，还能让孩子感受到母亲的爱，和被他人接受的感觉。这种方法还能够有效地帮助孩子建立自尊心。

22. 记住，挫败感是相互的

当你对孩子感到懊恼的时候，你的孩子也有同样的感受，记住这点对你来说很有帮助。许多家长忽略了这一事实。一位我曾经辅导过的年轻人对我说过，他非常不想看到自己让父母感到失望。幸运的是，这个孩子的父母说服了孩子，虽然他们对他的一些决定感到失望，但他们从来没有对他本人感到失望过。

当孩子不能专注的时候，他就好像短时间被冰冻住了一样，如同车灯前的小鹿。他的情绪状态会将他本身想去听话、顺从的想法掩盖住。每当你要求他“振作起来”、消除了他眼中的痛苦时，这个“车灯”就会变得更亮。要记住，面对他的分心，他与你一样感到很挫败。

我建议你不要再用这种适得其反的方式，而要将注意力放到孩子得体的行为上（如果你用心寻找，就会发现），忽视或者冷静地面对孩子不得体的行为。这种方法能够大幅度改变孩子对自己和世界的看法。面对孩子分心、冲动，或者不得体的行为时，想要让自己的情绪不过于激动，了解哪些是孩子能控制的，哪些是不能控制的就显得至关重要了。

23. 了解孩子的长处

《挫折教育让孩子受益一生》（*Raising Resilient Children*）一书的作者罗伯特·布鲁克斯（Robert Brooks）曾说过，每个孩子都有“自己的小宇宙”，有各自的长处，这些是你能够继续培养的地方。家长们必须要及时发现，并加强他们的长处，这样一来，希望和乐观就会代替绝望。我建议你帮助孩子找到他的长处。要通过的具体的方法，不要盲目表扬。例如，如果你的孩子很善于快速交朋友，你可以说“你真是个受欢迎的人”。

同样，我还建议你根据孩子的兴趣爱好来提供适当的帮助。如果孩子喜欢画画，但在数学方面有困难，就可以让他用画画的方式解决数学问题。

此外，你还可以找找能够加强孩子兴趣爱好的东西，例如书籍、录像、网站，或者社区里的某些场所。我曾接触过的一个女生也有分心问题，她喜欢和比自己小的孩子玩耍。一天下午，邻居请她去帮忙照看孩子，她的肩上立刻有了巨大的责任感。还有一个13岁的男孩也有注意力分散的问题。他曾自愿每周抽出一个下午，去当地的养老院陪老人们下棋或玩跳棋，这样做有助于建立他的自信心。我还亲眼目睹了许许多多有分心问题的青少年，他们通过兼职活动，逐渐培养了自尊心。如果你一直鼓励孩子加强好的习惯，你的孩子就越容易获得成功。

24. 简单地解释注意力分散问题

很多孩子来到我办公室之前，从来没有听别人给他们解释过注意力分散问题是什么，这让我感到很惊讶。他们根本不知道自己有注意力分散问题，或者该问题会对学习方面造成哪些影响。其实，孩子对自己了解得越多，你越容易让孩子知道你有多了解他，同时面对由分心导致的各种问题时，你越能控制好自己的情绪。

可悲的是，在许多情况下，难以专注的儿童总是会错误地认为自己很懒惰。而我更愿意说他们是“被懒惰”的。当孩子认识到自己学业上的困难是由于注意力问题导致的，会更愿意去寻找方法改进自己。而与许多家长的担心相反的是，当孩子们知道自己的缺陷后，并不会以此作为借口，或者逃避责任。

25. 保持乐观

你可以用乐观打败现实给你带来的暴躁情绪。要让孩子知道他可以改变自己。例如，你可以这样鼓励孩子，告诉他，他的这个缺点可能不会消失，但却可以不断改善。根据孩子的特长，可以给他指出他可能在某些方面取得的成功。例如，我曾经辅导过的一个孩子就擅长写诗，并将他的诗上传到了一个诗歌网站上。这个孩子的父母赞赏了孩子自我提高的态度，并与孩子谈论了，如何将自己的特长与目标结合。即便孩子在听父母说话的时候眼神游离，但我能看出来，他喜欢听到这些。

26. 孩子的表现有起伏，这很正常

对分心的孩子来说，表现得好一天坏一天，是再正常不过的事儿了。如果你认为孩子今天在学校表现得好是因为他昨天也是这样做的，你就是在把自己往崩溃的路上推。有分心问题的孩子常常是前进两步，后退一步。只要你和孩子还没有放弃，孩子表现好的时候总会多过不好的时候。

27. 是错误，也是礼物

所有的孩子都会担心自己犯错，看起来愚蠢。然而，与没有分心问题的孩子相比，有分心问题及学习问题的孩子通常会经历更多的失败。为此，他们的内心其实更加的脆弱，更加害怕失败。而你的孩子如何理解这个问题则尤为重要。

在心理学教材中，我找到了一个非常重要的概念，叫做归因论，说的是那些有强烈自尊心的孩子们会将错误看成可以学习的经历，而那些自尊心较弱的孩子则认为错误是无法改变的——总是让他们躲避问题，选择逃避。为了帮助你的分心孩子解决问题，避免乏味的生活，对他来说重要的是面对犯错有一个乐观积极的心态。

我记得有一个叫乔希的13岁男孩，他在挫折面前总是感到很沮丧。他曾对我说过这样的话，“我笨死了，我总是失败。”乔希和我花费了很大精力来帮他改善悲观的心理暗示。当我看到他态度有所转变，我感到很高兴，他有时会说这样的话“如果我坚持学习，我知道下次能做得更好”。他给自己积极的心理暗示，并表现得越来越好了——而这是之前的那个他完全做不到的。

要教会孩子如何面对犯下的错误，如何用积极的心态面对挫折。要将注意力放在改善事情上，而不是抓住错误不放。这样能让孩子在情感上有安全感，这样他们在下次会主动尝试其他方法。

不幸的是，许多家长看到孩子犯错误时，会表现失控，会大吼大叫，辱骂孩子，或者变得自暴自弃，说“我不干了”。出于懊恼，一些家长还会对孩子说“我告诉过你这样行不通”“还没有尽全力”或者“你为什么不动动脑子”当孩子犯错误的时候，他们需要的是我们的理解与支持，我们应当用解决问题的方法。我们应对他们说：“没关系。我们一起来看看如何把它做好，争取下次成功”。为了让孩子为可能的错误做好准备，你可以这样提前对他说：“如果这种方法行不通，我们还可以尝试其他的办法。”

28. 也要关心你的家人

在管教分心孩子的时候，挫折感与压力会逐渐累积，这时你或许会发现，家里的其他成员也感到非常焦虑不安。有时候，我看到家长们不仅仅在孩子身上看到了各种毛病，甚至在自家亲戚姐妹和爱人身上也看到了。由此产生的责备会在家里形成负面的三角关系，在管教孩子方面就会用到惩罚措施。为了避免这一现象发生，你可以使用我为你量身打造的各种方法，将它们用在所有家庭成员身上。

让你保持冷静的5句话

我已经为你提供了许多方法，教你在由分心孩子带来的挑战和要求面前，如何控制自己的情绪。你要为自己已经投入的时间和精力感到骄傲。以下是5句你平时可以对自己说的话，它们能在你感到灰心丧气的时候拉你一把。

- 偶尔感到灰心是可以的，因为我总是能通过这样的挑战。
- 只要我尽全力支持我的孩子，对自己就别无所求了。
- 我为自己对孩子做的事情感到无比骄傲。
- 今天的挑战没必要与明天的一样。
- 我要感谢这一切，想起这些让我感到很美妙。

第三天　总 结

今天你学到了，在教育难以专注的孩子的时候为何会变得如此苛刻、失去控制。控制好你的情绪能够让你更加轻松自在地指导并支持孩子，帮助他更好地接受挑战。在教育分心孩子时，请谨记如下几点：

- ❑ 表现过激会让孩子本来就脆弱的自尊心再次受创。
- ❑ 对你来说重要的是，要了解并时刻谨记那些会让你情绪失控的情况。
- ❑ 孩子不能专注，你的情绪失控只会起到相反的效果，反而会让他们感到更加的局促不安，更加的绝望。
- ❑ 你的孩子和你一样感到受挫——即便他在你面前不承认这点。
- ❑ 有许多实用的方法能够有效管理你的情绪，让你避免情绪失控。

DAY 4

第四天 如何提高孩子在校的专注力

从孩子上学的时候开始，我们就望子成龙，望女成凤，希望他们能好好上学，别有什么大问题。但如果你的孩子有分心问题，那你就要对孩子的教育经历的希望与梦想进行大幅度调整。这样做当然会十分痛苦，对你和孩子来说都不是一件容易的事。

我辅导过的大部分孩子都填了一份自尊心方面的调查问卷。这样做能让我更好地了解这些孩子在生活中各个方面的感受。我发现，大部分孩子在填写问卷的时候都秉持开放、诚实的态度。我相信，孩子是否讨厌学校这个问题的答案对你来说一点儿也不会意外。你猜对了——他们的答案都是 :“讨厌！”

正如你今天看到的那样，讨厌上学是分心孩子生活中的一大部分。你的孩子很希望有人能挥动一下魔杖，让学校消失。上学对他们来说是一件特别困难的事情，不得不面对一大堆学校的要求，但自己却做不到。我小时候也有分心的问题，到现在仍然记得，每个暴风雪的夜晚，我都会不停地祈祷，希望第二天学校放假，希望愿望可以实现！

今天，你将学到如何让孩子在你的鼓励和影响下，在学校取得成功。这听起来或许是个艰巨的任务，因为对分心孩子来说，这在他们生活中极富挑战。但是，本章将提供许多实用方法，增加孩子在学校获得成功的概率，提高学习能力，将各种问题扼杀在摇篮中。

在校无法专注是何种表现

有专注困难的孩子在学校逐渐会产生消极情绪，因为他们会认为上学就是一件令人感到痛苦的事情。这就如同一个成年人在做一件自己无法胜任的工作一样，孩子的感受也是一样的，久而久之，孩子在学校就会产生绝望的情绪。

就在我写这章的时候，我请我的一些帮助对象分享了他们在学校克服分心的感受，以下是部分他们给我的回答：

基恩是个7岁的男孩，患有ADHD，他说道：“我不知道为什么，伯克老师对我很生气。我总是说话，不注意听讲，所以惹了很多麻烦，就连我爸妈也对我生气。”

艾莉莎10岁，她说：“上学太难了，我根本跟不上。我很努力地尝试集中精力，但我还是在看我的朋友们在做各种事情。”

还有一位12岁的迈克，他很有天赋，他对我说：“每当我在学校不能集中注意力的时候，那感觉似曾相识，因为我曾经经历过，对我来说太熟悉了。所以，为了让自己不再无聊，我就又走神了。”

15岁的萨曼莎一直在与导致她分心的焦虑斗争，她说：“感觉就像我的脑袋一直在转，根本不受我控制。我经常担心，如果我的朋友生我的气了怎么办，或者，我刚刚没有听老师在讲什么，我能把它做好吗？最后我回家，试图自己补上白天落下的内容，但有时候根本不管用。”

17岁的莱斯利是一个受抑郁症困扰的青少年，他说：“当我伤心的时候，我就不能好好思考。即便我不觉得它们控制了我，但最后的结果却是，我的老师因为我没交作业而踢我屁股。”

这些孩子，每个人都在学校与分心问题作斗争。虽然其中隐含的原因不尽相同，但他们所感受到的强烈的挫败感却是相同的。

许多分心孩子都向我表达过他们在学校的思想问题。以下是一些孩子关于学校的负面想法：

- 上学就是一件蠢事，我的老师也非常愚蠢。
- 我总是失败。我蠢极了。所以，我为什么还要努力？
- 课间的时候，小伙伴们都不和我玩儿，没有人喜欢我。
- 这太愚蠢了，因为我根本就不懂，但别人都懂。我希望我能变聪明。
- 我上课的时候表现一点儿也不好，我讨厌我的老师，因为他们总是很烦人，对我来说上学就是浪费时间。
- 我讨厌自己表现不好。我的父母总是说我不在乎，但根本不是这样。
- 我根本不会像我哥哥那样，在学校表现得那么好。
- 如果我的老师能对我好一点儿，我会好好努力。但如果我讨厌我的老师，我就不在乎了。
- 我想做得更好，但我不能集中注意力，所以我为什么还要努力呢？我就是笨！

这些负面的心理暗示会严重影响孩子关于学校的想法，影响他们在学校的表现。更糟糕的是，它们还会在他们心里留下不可磨灭的印记，让他们觉得自己长大后也不可能成功。“学习新事物对我来说太难了”以及“我从来不会变聪明”，这样的想法都会阻挡有分心问题的成年人取得成功。

今天的任务是教会你如何有效地与学校的老师们配合，让孩子在学校尽量摆脱分心问题。显然，你不可能大摇大摆地走进学校，写一份你为孩子量身定制的教育方案。你又不是教师监督员，也不能强行规定教学方法及学校制度。然而，你能做的就是摆正自己的位置，做一名有心的家长，时不时地提供一些建设性的意见。在与学校打交道时要谦和、有合作精神，这样才不会被看成乱管闲事的家长。

我建议你尽最大的努力，做孩子教育的支持者。与学校统一战线，将会增加孩子成功的概率。大部分与我共事过的学校工作人员们都很愿意与家长们合作，一起教育他们的学生。

我还可以告诉你，老师们大多对家长们报喜不报忧，而家长们也不会因孩子的问题去责怪老师。与老师私下见面，回复老师的电话和邮件的时候，要有礼貌、要积极，这样才是合作的态度。同时，我已经见过太多过于敏感的家长们，他们疑心过重、过于挑剔，将老师置于千里之外。或许，你听过这样的说法：“会哭的孩子有奶吃”。要保证你的意见被老师听到，孩子的需要能够被关注到，但不要为此过于“挑剔”。

了解孩子的权益

本章的目的是给你提供一种新思路，让你与学校展开合作。同样，我也为你准备了一系列的方法，确保教育者们借助必要的工具进行教学，帮助孩子在学校克服分心问题。

下面，我为你提供了一个简单的概览，让你了解一下教育法是如何能够助你一臂之力的。即便这些方法不适用于你的孩子，但我还是希望你能够建议学校采用本章中的教学干预法，来帮助你的分心孩子。

首先，你的孩子有权利接受义务教育。许多家长根本不知道，自己有权利成为孩子每天接受教育的决策者之一。看看你的孩子是否需要特殊服务就是决策者职能的一部分。

在研究孩子是否有资格得到学校的支持性教育服务的时候，请谨记如下建议：

- **与孩子聊天** 要用冷静、沉着、平和的语气与孩子谈论学校的事情。了解她喜欢什么，不喜欢什么，有什么困难。了解孩子在学校有什么困难对为她争取权益来说十分必要。记住我们曾说过的话，当你开口说话的时候是无法倾听的。你越以命令的口气与孩子说话，孩子就越不会与你分享自己的心声。

- **留好所有资料** 要保留好所有有关孩子的资料复印件。同样，还要保留一份学校的工作人员名单，包括与他们聊天的日期。要尽全力学习残疾人教育改善法案（IDEA）以及其他对孩子有益的法律法规，还可以与有学识的家长或者学校专家聊天。

- **要勇于提问** 学校的法规理解起来可不是那么容易的，要不会就问，不要不好意思。你主要的任务就是与学校一起合作，重新计划孩子的教学内容。要耐心、仔细地查看资料，千万不要在不理解的文件上签任何字。不要害怕说“请让我再考虑一下”。记住，要大胆地提出问题、要求更多的测试，或者挑战学校服务条款。

- **保持头脑冷静**　我见过太多的家长们，在与学校工作人员打交道时，脸上摆出一副“我不信任你”的表情。虽然与很多人一起讨论你的孩子是一件很让人头疼的事情，但这也不能作为你不尊重他人的理由。记住，这些老师和教育工作人员都是出于好心，想帮助你的孩子，即便他们所采用的方法是你不同意的。如果你能够沉着、冷静，不以强硬的姿态去与他人沟通，你的孩子才能有最大程度的收获。
- **与律师谈话**　你可以咨询一下教育法律方面的律师，但要知道，采取这种方法的代价是比较昂贵的。然而，教育律师们却有资格指导你，告诉你学校可以如何根据孩子的缺陷类型及程度给其提供需要。对许多家长来说，他们所得到的回报是自己的想法得到的他人充分的考虑。

干扰培养专注力的想法

在向学校为孩子申请权益时，重要的是有正确的心理准备，正确地看待自己。你的付出总会有所回报，如果做得好，还会创造奇迹。这其中的关键在于，不要让下面这些想法影响到你：

- 我觉得，我在家应该做得更好。
- 她需要失败，因为这样能让她尊敬老师。
- 我不知道我需要多少帮助。
- 学校什么忙也帮不上。
- 事情只会变得越来越糟。
- 我要是向学校寻求帮助，就会觉得尴尬。

■ 有用的想法

为了让你在向学校申请权益方面获得优势和成功，你可以尝试下面这些想法。

- 主动参与会让教师及其他教育者们知道，我很在乎孩子的教育问题。
- 我与孩子老师之间了解得越多，我们之间的误会就会越少。
- 我正在帮助孩子的老师了解她，这是在帮助她。
- 我孩子的问题没有一夜之间得到解决，并不能代表我的努力全部白费了。我必须知道，这些问题也不是一夜之间形成的。
- 我越用有建设性的方法帮助孩子，她就越能学会如何帮助自己。
- 如果我尽全力帮助我的孩子，我就会问心无愧。

如何与学校配合培养专注力

你与学校接触得越多，对孩子的帮助就越大。多年来，我接手过许许多多的家长，他们当初都不知道应该如何与学校打交道。我建议你用如下的三种态度与学校接触：礼貌、合作、积极。此外，你还要记住，有许多方法可以解决你孩子的问题。你孩子的教师、学校的心理医生、指导顾问和原则，这些都是对孩子有帮助的服务内容，因此请他们帮忙，你不必觉得害羞。同样重要的是，你还需要避免急躁，着急想找出一条捷径。你要保持参与性和灵活性，这对孩子来说才是最好的，虽然其他方法相比之下限制性更少、更适用。本章节会给你提供更多的方法，帮助你与学校打交道。

■ 评估孩子在课堂上的表现

如果你的孩子还比较小，你可以花些时间在孩子的课堂上。或许，你可以主动申请当志愿者，去教室帮忙一两天，看看到底发生了什么。要了解孩子在教室里是否觉得舒服，在老师面前是否放松。孩子越感到自己被喜欢、被接受，学习就会越优秀。但你还要知道，如果你的孩子以某种方式惹怒了老师，那么老师很难喜欢她。如果你的孩子感到不舒服，那么你就要想想，在孩子和老师的关系之间是否存在些误会，让孩子觉得自己被误解，从而感到生气。有几种方法能让你做一个课堂观察员。此外，你还需要观察（发现）一下，你的孩子在课间的表现如何？是否被他人嘲笑或受到惊吓，从而表现暴躁，让他人知道自己深陷麻烦？（“第六天”提供了一些对分心孩子与同龄人之间关系的详尽剖析。）

首先，你要确认的就是，孩子的学习氛围是否是积极向上的。如果孩子与教师之间存在冲突，那么你要试着调和二者之间的关系。如果这样行不通，那就要找出问题的结症所在。或许，转班对孩子来说也是个不错的主意。如果有哪位成年人与孩子关系甚好（例如，教学辅导员），可以请他来上课陪读，有时这样做就足够让孩子在课堂上表现得更好。

如果你无法去学校这样做，或者如果你的孩子已经上了初中或高中，你可以给孩子安排一名辅导专家、学校的心理医生，或者学习专家，让他们代你在课堂上评估孩子的表现。显然，与老师沟通也是个不错的方法，毕竟老师那里有孩子行为的第一手消息。

■ 与老师建立工作关系

在开学之前，与老师（或者与整个教师团队）碰个头，向老师解释清楚自己的来意。记得带上一张清单，上面列出你在学业及行为上的担忧，以及孩子的长处和在你看来的缺点。要让学校知道孩子的情况，他是否被机构诊断患有任何心理缺陷、健康问题、学习障碍，或者注意力缺陷过动障碍等，以及是否在服用药物。不幸的是，家长们通常都不会告诉老师这类信息，老师们也不知道孩子正在面临的困难。如果孩子的父母都能加入，那就再好不过了，尽量父母双方都参加这个会议。如果这样行不通，那么就请其他人过来帮你。

在开会期间，尽量建立双赢的氛围。记住，教师们通常工作劳累，有许多学生需要照顾，也许不太想再有更多的问题出现。告诉对方你的想法，让这次团队合作能够顺利进行，防止未来会有更多的事情发生。你来确实是为了维护孩子的权利，但你同样需要在整个过程中保持灵活自由。要知道，你也需要适时妥协让步，这点非常重要。

■ 分享有效的方法

每当我与孩子和家人们一起工作的时候，我就会寻找他们的长处，也会思考这些长处是否能用到其他方面。在当今心理健康界中，用长处补短处是一个促进心理成长的主要部分。

通常情况下，有许多家长的经验，或者其他方面是孩子所擅长的，而这些是很可能被忽略的。或许，你常常使用积极的鼓励方法，比如小纸贴，奖励家里的小宝贝，或者给孩子更多的时间与朋友玩耍，这些都可以用到今天的内容当中，奖励可以根据孩子的年龄调整（我在“第七天”中详细讨论了奖励方法）。对于年龄大一些的孩子来说，或许只通过表扬就可以奖励她。你可以与老师分享更适合自己孩子的奖励方法，看看鼓励、表扬，或者认可是否有帮助？与老师分享你做的事情，讨论在课堂上可能管用的方法。告诉老师孩子的长处，让老师知道，不仅你想让孩子获得成功，你的孩子自己也想获得成功。

■ 准备好提问

每当要见孩子的老师之前，要事先写下你要说的话的重点，甚至还可以练习几遍。正如我的一位律师朋友说的那样“治疗焦虑最好的方法就是提前做好准备”。未雨绸缪将会帮助你在表达自己时更加自信和坚定。

完成课堂作业和家庭作业就是分心孩子的绝望所在。我告诉家长们，要与老师沟通，说出自己对孩子在各个方面的期待。这些我将会在“第五天”中深入讨论。

以下这些问题或许可以引导你与老师的谈话：

- 除了固有的报告，一份视觉展示是否可行？
- 我孩子的努力是否能得到认可，即便他觉得很吃力？他的成绩最后会下滑吗？
- 课堂规矩是否会在上课之前仔细说清楚，并在整个学期反复强调？（记住要告诉老师，你的孩子非常需要反复提醒。）
- 要解释好自己的孩子在指导和明确指引下能够表现好。询问孩子是否在过渡的时候存在困难，特别是没有指导的活动，例如体育活动或者课间活动等需要自我克制和独立工作的活动。提出一些建议来改善这点，抽出几分钟来重新调整，或许有帮助，这是不变的道理。

■ 学会倾听

要知道，只提出问题和自信地表达是远远不够的——你还需要仔细倾听。在不明白的地方还可以记笔记，请对方解释。与教师商量下一次会面的日期，来讨论进展或者解决问题。希望教师可以把所有关于孩子的抱怨都第一时间传到你的耳朵里，而不是告诉她的监督人。要表达出你想要解决问题的态度，并与老师讨论何时适合来一次电话会议。尽早沟通，与孩子的老师和学校保持沟通，让问题在严重之前得到解决。

■ 通过邮件跟进交流

只要你使用得当，不给老师们增添负担，也可以轻松地通过邮件与学校保持联系，了解孩子在学校的表现。根据我的观察，通过邮件与学校沟通能够帮助许多家长和教师时刻了解孩子每天的表现及进度。

■ 记得谢谢老师

许多教师都曾愁眉苦脸地向我诉苦说，如果自己的付出能得到他人的感谢，将是一件令人欣慰的事情。所以，请在与教师会面后，写一封感谢信给他。感谢他与你见面，感谢他愿意与你一起合作。通常情况下，教师们听到的都是抱怨，其实他们都希望能与带有感恩之心的人合作。

■ 做记录

新建一个简单的文件夹，记录孩子的进展，将已有的信件、会议笔记，以及家庭/学校的日程安排都放入其中。随时记录孩子的进步，以及你认为对他成长有帮助的事物，还有不断出现的问题，将其与孩子的老师进行分享。这样表示，你对孩子的教育问题非常关心，你正非常努力地与学校合作，帮助孩子取得成功。同样，还要把这些与孩子一同分享。让他知道，你和学校正在一同努力帮助他。这样做尤为重要，因为你想让孩子知道，自己非常用心，非常关心他，而并不是认为他是一个麻烦。

特殊教育小贴士

在孩子接受特殊教育服务期间，请务必谨记如下要点：

● 如果你的孩子接受了特殊教育服务，那么你和孩子都有权利参与到个人教育计划（IEP）当中。你将会与孩子的老师们，以及专门负责提出建议和监督的来自学校行政部门的代表，还有其他提供服务的相关机构代表们（如果你的孩子年满16岁）展开合作。此外，你还可以请一位律师来帮助你，让你更好地理解自己作为家长的权利和责任，并要求该位律师在实施个人教育计划过程中出席。你所在当地的美国过动儿协会（CHADD）或者当地为学习障碍儿童的家长提供支持的相关组织很可能会提供许多律师名单供你联系。

● 永远要记住，你的孩子有权利生活在限制极少的环境里。注意“包含”和“主流”这样的词，它们的意思是，你的孩子可以每天大多数的时间里都在正常的教室里上课，而不是被请出教室，或者被单独隔离出来。除非个人教育计划成员们认为这样做合适，否则你的孩子应当接受正常同学们的引导和支持。同样，要确保特殊教育服务或者各类支持能够帮助孩子参加各种课外活动，例如社团或运动。

● 在个人教育计划会议过程中，整个团队会设立目标，涵盖了所有相关服务，例如，对孩子有益的职业或言语治疗。要确保让该团队明确提供服务的周期和时间，以及在何种情况下提供服务。该团队还会明确一系列的行为策略，为孩子的学校及家庭学习生活提供帮助。

● 你有权利针对学校有关你孩子的决定提出意见。如果你不同意他们的决定，你可以与学校讨论，看看能否重新达成一致。如果所有的努力都无济于事，残疾人教育改善法案（IDEA）还会提供其他保护家长和儿童的法律方法。这些方法能够让家长和学校间化解矛盾。采用的方法可以是引入中立的第三方、听证会，或者一场在法院举办的正规听证会。

● 个人教育计划会议必须每年举行，综合性评判必须每三年举行一次，除非你和学校都同意这样做没有必要。其实，你可以要求随时召开个人教育计划会议（或者重新评估）。

好老师的引导非常重要

在此我想明确一点，我并无意将孩子在校注意力不集中的问题归结到老师身上。然而，我接触过的每个难以专注的孩子都承认，与老师关系的好坏对自己的学习积极性有很大影响。遗憾的是，仅仅依靠教学策略的调整是无法帮助这些孩子更好地学习的。要帮助难以专注的孩子，老师就要多称赞鼓励孩子的付出，避免否定的评价和挖苦的语言，给孩子特别的照顾，并且愿意了解孩子们的生活。我见过很多此类案例，老师甘于奉献，和学生轻松友好地交流，让难以专注的学生感到自己也能够成功，好像老师在轻拍后背，鼓励自己一样。

此外，了解孩子在课外对哪些事物感兴趣，擅长什么，能让教师更有效地鼓励孩子的课堂学习。教师越是了解孩子，就越容易理解孩子的困惑和需求。我辅导的一个五年级孩子最近特别高兴，因为她老师最近打算去看有她参加的体操比赛。显而易见，教师一天到晚也是忙忙碌碌的，课外的时间也很有限，但只要条件允许，参加或者观看孩子的课外活动一定能让老师见到学生的不同侧面。如果无法到场，那么也可以退而求其次，看看活动照片，询问活动情况。学生都很欢迎老师的关心和帮助，而教师也能用新掌握的情况帮助学生更有效地学习。

鼓励学生学习经常意味着直接带学生进入学习过程，此时，学生需要了解老师使用的教学材料、教学方法以及教学安排。游戏、模仿、多媒体教学、电脑教学及小组活动等主动及参与式的学习活动均能起到鼓励学生的作用。

考试和打分既能鼓励学生，也能让学生灰心泄气。要想考试和打分起到鼓励的作用，就必须尽量保证试题难度适中，学生能得心应手地回答问题。如果屡次测试成绩都不好，那么学生很快就会丧失信心，放弃学习。一旦无法直面测试的困难，多数学生会懊恼沮丧，再也不愿尝试。

总体上，我认为老师都兢兢业业，希望倾其所有帮助难以专注的学生。我也很高兴能与众多优秀的教师合作。不过，也有老师对注意力不集中的问题一概否定，遇到这样的老师，家长和孩子都会苦恼不已。这样的老师会放弃帮助孩子，或者将孩子说得一无是处。

有些老师也许会认为孩子的课外努力是“很随性的”，或者不会成功。这样的老师一般认为，难以专注的孩子都是惰性强。这种误解很让人遗憾，因为学生难以专注，是因为有某种原因让他们对学习提不起兴趣，而不是性格存在缺陷。教师可使用以下策略鼓励不能专注的学生学习。同时，家长或许也希望这些策略能成为与孩子老师交流的基础，共同探讨帮助孩子学习的方法。

提高孩子学习专注力的36个策略

尽管并不存在什么灵丹妙药能一举解决孩子课内课外的专注力问题，但还是有这么几十种策略是较为有效的。课堂策略有效与否，取决于老师、教学团队的坚持和跟进，以及家长的大力配合。以下多项策略都属于等效机会策略，指的是家长在家使用，和老师在校使用同样有效。

以下课堂建议适用于辅导各年龄段学生的老师。有些建议更适合你的孩子，有些则适合大一点的孩子，但是总体主题结构设置、积极主动的处理方法、教育以及鼓励等问题都是一以贯之的。这些建议综合了多种信息来源，同时，也引用了一些更详尽的研究信息。尽管孩子的老师也许已经采取了其中的一些方法，但是在此复习一下或者将方法更巧妙地运用，绝对是有百利而无一害的。回顾并应用这些策略必将帮助你的孩子克服学习的种种困难。

1. 将大任务分解成小步骤

如果一个无法专注的孩子在学校一次性接到了过大的任务，就会产生“我永远也不行”一类的情绪。如果将任务分成小步骤，孩子就不会产生学习任务应接不暇的感觉。将任务化大为小、易于管控，是最重要的教学方法之一，能帮助孩子克服分心问题。教师将任务切分，各步骤也会易于完成。我觉得读者一定见过将任务化大为小、化繁为简的事例（比如，将一叠账单、一堆脏衣服分门别类，或者分析任务清单，逐一完成）。

请记住，我告诉过很多家长，繁重的任务很快就会让难以专注的孩子应接不暇。比如，假如让一个高二的孩子写一篇有关龙卷风成因的论文，这个孩子就会对任务望而却步。要让这个任务看上去更容易完成，老师就要为学生提供一系列步骤：（1）查找相关研究资料；（2）阅读并总结资料内容；（3）撰写论文概述；（4）扩写概述，添加细节；（5）撰写初稿；（6）修改初稿。老师可以跟进评估学习各步骤的表现，给出及时的反馈。这种方法能帮助培养孩子所必须学习的组织能力和自我管理能力。

我的一个12岁学生贾斯汀告诉我，他的艺术及英语老师们会把论文写作任务做成概要，让自己注意力更集中了。贾斯汀这些课的成绩不仅提高了，还对这些科目的内容更感兴趣了。对于年龄较小的孩子而言，将任务化大为小及其有效，能避免孩子因为畏惧挫败感而灰心丧气。同样，也能帮助大一点的孩子避免因感到无助而产生挫败感和逆反心理。

2. 考虑"坐前排注意力易集中"

虽然并没有硬性规定让孩子一定要坐在教室的正中间，但是，如果孩子坐得靠前，老师和孩子的目光更容易接触。而且更重要的是，这样孩子的前面就不会挡着几十个学生，减少了很多干扰。

老师们应该注意，要将一个孩子从后排调到前排，不能让孩子觉得尴尬难堪。我有个10岁的学生泰瑞告诉我，一次他的老师将他调到前排。而在泰瑞看来，老师用了很卑鄙的方式调了他的位置，这无疑对他产生了负面影响。然而，研究表明，只要调座同时给予学生关爱，低调处理，让注意力容易分散的孩子坐在前排有助于提高孩子的专注力。

3. 能力不足并不是有意违抗

和孩子的老师共同探讨孩子的行为。委婉地告诉老师，孩子只不过是不能控制自身的分心行为，并不是不尊重老师，因此也不该归为落后生。同时，不断寻找并指出孩子的优点。

4. 不断鼓励孩子

难以专注的孩子常常麻烦不断，很少有人对其寄予希望，所以鼓励孩子特别重要，只有这样，孩子在校才能认真学习。孩子也许并不会袒露喜欢这种认可，但其实乐在其中。11岁的伊莱告诉我，听到老师表扬时，常认为“好吧，表扬就表扬呗”。但我坚持问他听到表扬感觉怎么样，他坦言：“大多数时候，我喜欢别人表扬，因为这说明我的表现越来越好。”

5. 延长考试和作业时间

允许延长考试时和作业时间，能够帮助许多孩子克服注意力难以集中的通病。14岁的萨米告诉我，如果老师允许他利用课余时间继续完成考试题目，会感到轻松许多。接受特殊教育的孩子一般会受到这种待遇。与此同时，即便是孩子不符合助残法案第504节的标准，有些老师也会给孩子这样的机会。

6. 观察孩子是否愿意参考别人的笔记

许多难以专注的孩子都无法边做笔记边听讲。所以，假如孩子能参考同学的笔记，必将对学习有所帮助。15岁的罗斯告诉我：“如果有小伙伴能把课堂笔记借给我，我就能补全自己的笔记，考试成绩也会更好。”

7. 明确老师能获取的帮助

一个班级有两三名注意力分散的学生就会让老师焦头烂额。可以问一问孩子的老师能从学校获得哪些帮助。务必让一位在这方面有研究的人来和老师商量解决孩子的问题，这个人可以是一名学习专家、行为专家、儿童心理专家、社会活动家、学校的心理医师或者儿科医师。

8. 了解老师的能力也是有限的

鼓励老师向你寻求帮助。告诉老师，你并没有期待他是培养专注力的行家里手。最重要的是保持和老师的沟通。切记不要盛气凌人。

9. 鼓励老师征询孩子的意见

孩子的直觉可能远超你和老师的预期，也许能够引导教师采取正确的方法，帮助解决课堂注意力不集中的问题。我的一个12岁学生索菲亚告诉老师，说自己喜欢编歌记忆数学课的词汇。孩子必然最了解自己的学习习惯，前提是能够将内容清楚地描述出来。此外，明确孩子的确了解自己注意力不集中的问题。了解了自己的问题，孩子就不会无缘无故地责怪自己不擅长学习。

10. 建立积极的外部环境

难以专注的孩子需要所处的环境能将自己无法系统内化的东西变得井井有条。让孩子的老师引导孩子制作列表，注意力不集中的儿童会受益匪浅，有了列表，即便是中途溜号，也能书归正传。也要告诉孩子，制作提醒事项表及其他结构化的列表能帮助集中注意力。

11. 强调学习的情绪因素

教师也是普通人，因而一些教师也会忽视难以专注的孩子的痛苦心情。要告诉老师，孩子非常努力，希望获得成就感，而非挫败感，希望收获兴奋和刺激，而非无趣或恐惧。因此，教师务必要关注学习过程中的情绪问题。在本章开篇，我曾经列举了一些对难以专注的孩子的消极、问题看法。15岁的汤姆告诉我，数学老师吼着让他向另一个同学寻求帮助。诚然，上课时师生位置应该摆正，但是这样一来，汤姆感到非常难堪，也就和老师疏远了。这个案例表明，营造安定的情绪对课堂学习至关重要。

12. 请老师多重复指令

保证教师写下给孩子的指令，并明确表达，再重复几遍。14岁的奥利说："老师说第一遍的时候我从来不听，不是大家在说话，就是我忘了老师说了什么，所以再听一遍肯定有用。"要明确指出，孩子注意力不集中，需要多听几遍指令。

13. 运用眼神沟通

问问老师是不是能通过目光接触（不能让人难堪）将溜号的孩子"带回"课堂。老师不能对孩子正颜厉色，否则孩子可能会觉得老师不相信他能够注意听讲。但是，如果眼神中带着关爱和关注，必然能让溜号的孩子重新专心听讲。

14. 凡事都有限度

看看老师是不是经常、及时、明确地规范孩子的行为。老师千万不能陷入复杂的、像法庭辩论一样的讨论。

15. 教学安排可预测

不声不响就变来变去对难以专注的孩子来说是很难应付的。孩子会因此而灰心丧气。11岁的凯文告诉我，教室公告板上纸板的颜色会提示他当天的活动内容。老师们也可以在黑板上或者孩子的书桌上贴一张任务安排。确保孩子经常查看安排表。如果老师要更改安排，应反复提醒孩子们注意做好准备。公开说明后续计划安排，日期临近时反复提醒，有助孩子完成任务。

16. 制订计划避免拖延

教师会发现，和孩子共同为一项任务制定日程安排会有所帮助。教师在此过程中能起到支持作用，帮助孩子直接参与制订可行的时间安排，来完成工作，让孩子自行决策任务的具体事项。这项活动有助于克服难以专注儿童的一大共性问题——拖延。17岁的罗伯托发现，老师帮助他制订了一份合适的时间安排，之后明显感觉自己的高中作业项目（包含志愿工作及一篇论文）更容易完成了。

17. 给孩子宣泄的机会

有句话叫防患于未然。如果条件允许，那么最好将宣泄纳入课堂规程，因为一种宣泄途径——比如让孩子在“失去耐心”前离开教室一会儿，能让孩子不失颜面。同时，孩子也能开始学习自我观察和自我调整。9岁的史蒂芬是我辅导的一个孩子，他有个指导老师就规定，如果史蒂芬实在没有耐心，可以在不影响课堂的情况下自行离开教室。这样就减少了对孩子的约束，孩子也因此更为冷静，课堂表现更稳定了。

18. 作业的质量更重要

难以专注的孩子常常需要作业减负。只要能保证他们慢慢掌握概念，就不必刻意增加课业量。请跟老师多沟通，说明你的孩子将保证相同的学习时间，但作业量务必不能超出能力范围。“第五天”的章节会更详尽地讲述如何处理注意力不集中儿童的作业量问题。

19. 观察并不断肯定孩子的进步

不断给予反馈往往对难以专注的孩子大有裨益。教师不断给孩子和家长反馈能让孩子保持状态，了解下一步的理想状况，并且因此大受鼓舞。沟通方式很简单，老师可以让孩子捎信给家长，或者写电子邮件进行沟通。

20. 尽力寻找并强调成功的经历

尽力让老师记住，你的孩子生活中经历了很多失败。以下是最关键的一点：难以专注的孩子需要鼓励，并且会从鼓励中大大受益，尤其是老师的鼓励，因为老师能够极大地影响孩子。孩子们非常喜欢他人的肯定鼓励。注意力分散的一个最严重的问题并不是专注困难本身，而是它对自尊心的二次伤害。

21. 牢记孩子的记忆力短板

注意提醒老师，运用记忆训练法或者卡片等教学方法来帮助记忆，会对孩子大有好处。难以专注的孩子一般在记忆信息方面都存在问题，因为他们的注意力通常是受多种因素干扰的。提示、韵律、代码等小技巧都能帮助孩子增强记忆能力，如果能寓教于乐、创新教法效果必然更佳。15岁的丹说：“我的老师很酷，上课带着我们玩游戏学习重要内容，这样我一点都不觉得上课无聊，而且越学越好。”

22. 强调概要的重要性

鼓励老师教孩子总结概要。我告诉孩子们，总结出概要就像搭建好骨骼框架，之后就可以随意往骨骼里填肉（也可以选用更生动的比方）。但是，无论如何，总结概要都大有帮助，因为这种训练会帮助孩子在学习过程中形成知识结构框架。这样能够帮助孩子掌控学习过程，无论是学习新概念还是复习备考都是如此。

23. 多准备一套课本

常常分心的孩子一般而言是不会带课本回家的。和老师沟通，多准备一套课本放在家里，以备不时之需。上八年级的乔丹表示，这对她很有帮助，因为“虽然我会尽力想着，但还是经常忘带课本”。

24. 尽量简化指令

看看老师是不是愿意为孩子简化教学指令和教学安排。语言越简单，孩子就越容易理解。

25. 培养孩子的自我意识

难以专注的孩子常常并不知道如何让他人理解自己，或者自己的行为会产生哪些影响。不妨建议老师问问孩子，鼓励孩子自我观察，比如“你觉得自己刚刚表现怎样”，“刚才如果你换种方式表达，结果会如何”或者“为什么你说了刚刚那些话以后，很多女生都不开心”。老师在培养孩子自我意识的时候应该尽量耐心，多给予支持。我见过很多难以专注的孩子，他们其实对自己的感受心知肚明，但却不知道如何表达。

26. 验证一下应试技巧

咨询孩子的老师，总结他们建议的备考及应试策略。老师的建议可能会因人而异，但是以下列举了一些共同点，非常有助于应试。

- 饭前就餐。早饭不仅能让你获得能量，而且能够帮助你集中注意力，但是切记不要吃得过多，这样会让你昏昏欲睡。

- 复习所有手头的材料，比如，练习测试材料、家庭作业、样题、复习材料、课本以及课堂笔记等。

- 避免考前突击，尽量在考前睡个好觉（但让我惊讶的是，我有一个六年级和一个七年级的学生，他们在家长不知道的情况下，一般会熬夜复习到半夜2点钟）。

● 整个考试过程中保持积极的心态，尽量放松。如果考试时感到紧张，那么就做一次深呼吸让自己放松下来。

● 注意力集中在自己的试卷上。谁都不想因为作弊而为自己带来不必要的麻烦。

● 刚刚拿到考卷时，快速浏览所有试题，这样就能够有效地分配时间。

● 从最简单的题目做起，千万不要在一道题上徘徊太长时间，尤其是在时间有限的情况下更是如此。也许在试卷的后半部分就会找到一些信息，帮助你解决之前的问题。

● 先做那些分值大的题。

● 不要慌张，把握好自己的答题节奏。阅读整个题目，并且寻找题目的关键词。

● 如果对于老师的测试要求不清楚，不妨询问老师给予解释。

● 字迹工整。如果老师看不懂你的字，那么很可能判试题错误。

● 务必仔细阅读整个题目。不能想当然的推测问题的内容。

● 将问题的主要信息、主旨、所用到的公式，都列在表上，以备查阅。

● 如果对自己的分数不满意，那么就去问问自己的老师，看看能否补考，或者是做一些加分的作业。

● 保存考试资料，以备其他考试复习使用。

27. 标明行为分值，对低龄儿童尤其重要

一个良好的分值体系是行为改善或者奖励机制的一个重要部分，有

助于低龄儿童的成长。难以专注的孩子一般都对奖励或者是激励措施有非常好的反馈。

28. 强调“联系”的重要性

帮助老师了解，你的孩子需要有参与感和与他人联系的感觉。只要孩子参与到活动当中，就会受到激励，不会注意力分散。

29. 家庭—学校全天候日志

如果教师和家长能够撰写日志，互相联系，那么对孩子必将是非常有帮助的。电子邮件也同样有效。这种方法能够推动家长和老师之间的日常沟通，避免约谈家长情况的出现。同时，这样也能够对孩子的表现进行不断的反馈，也是孩子所需要的。

30. 建立孩子自我监控的框架

有一句话我非常喜欢：“授之以鱼，不如授之以渔。”同样的道理，让孩子的老师，鼓励孩子进行自我监控。我辅导过的一个孩子每次课上溜号的时候就会在纸上做记录。每到周末，她都会跟老师共同研究自己的记录，这样就能够更好地控制自己的注意力，并且接受老师的帮助，提高自己的专注程度。

31. 事先告知教学安排

难以专注的孩子需要提前知道教学安排，这样他们才能自己做好准备。即兴的课堂安排往往使孩子们应接不暇，老师可以避免这种情况，积极地帮助孩子准备课堂内容，并且时刻提醒他们课堂的秩序规则。

32. 让大一点的孩子随时记录自己的问题

让孩子准备一个问题本，这样不仅能够记录教师对孩子讲话的内容，也能够随时记录自己的想法。这种方法有助于孩子更好的听课。有一位非常有创意的老师曾与我共事，他会给学生们分发便利贴，让他们将自己的想法（愿意分享的想法）贴在额头前。

33. 寻找手写的替代方案

写字对于很多难以专注的孩子来说都是非常困难的任务。与老师沟通看看能不能寻找到手写的替代方案，包括让孩子学着使用键盘或者是进行口头考试。

34. 建立提醒孩子的方式

跟孩子的老师合作，建立一套能够提示孩子集中注意力的方式，然后再开始授课。这种方式包括一个眼神、轻微的动作，甚至是往教室某个位置移动。

35. 为孩子找一个学习伙伴

看看孩子的老师是否愿意为孩子的每一科都安排一个学习伙伴。如果可以，那么留下这些孩子的电话号码。这种方法虽然不是万试万灵，但是，我也见过很多成功的案例，可以有效地帮助孩子的课业走上正轨。

36. 常与老师见面

家长往往都不愿意常去学校见老师，但与此同时，很多老师和家长之间的问题，都出现在不愿意参与教学的家长身上，而老师往往与积极参与的家长合作很愉快。所以最好应该和老师保持友好的沟通，让彼此熟悉，避免等到孩子出了问题，老师才约谈家长。

第四天　总 结

学校本来应该是知识的源泉，但对很多难以专注的孩子来说却是一个痛苦的开始。帮助孩子在校学习，是一个非常重要的步骤，只有完成了这一步，才能提升孩子的注意力。请谨记以下要点：

- ❑ 在校学习对容易分心的孩子来说是非常艰难的任务，而且孩子还会对上学产生负面情绪和想法。
- ❑ 根据孩子的情况、依据教育法来为孩子提供额外的帮助。
- ❑ 明确孩子的注意力问题是否包含在法条当中，这样能够对支持孩子在校学习起到很积极的作用。
- ❑ 家长、孩子以及教师的情绪波动，都会在极大程度上影响孩子的情绪和积极性。
- ❑ 本章列举了很多策略，可以供你和孩子的老师分享，来共同帮助孩子提高课堂的专注表现。

DAY 5

第五天
共同面对作业问题

多丽丝和马克坐在我面前，注视着他们12岁的儿子亚当。母亲多丽丝对孩子束手无策，抱怨说：“每天晚上，都是一样的闹剧，我简直烦透了。”

亚当不禁哭了起来，眼睛失神地瞅着前方。

父亲马克说道，“我们不知道怎么样才能让孩子完成作业，即便是他完成了作业，最后还是忘了交作业。”

母亲长叹一声，注意力又转向儿子亚当，她说，“我们真的不知道如何是好，就像一场战斗，而我们现在快输了。”

如果这个场景你看着眼熟，那么再正常不过了。大多数难以专注的孩子都没法集中注意力完成家庭作业。他们总会跟我抱怨，他们必须得完成作业，这让他们非常沮丧，甚至是痛恨做作业，或者认为做作业毫无用处。而且他们有时候也会觉得作业难度非常大，因为他们经常忘记如何解题。

作为人类，我们都是喜乐而怕苦的。而对于这些孩子来说，做作业是非常痛苦的。很多孩子都认为每天按时保量完成作业是毫无价值的，而且更有甚者，会故意将课本、作业本、文件夹等东西落在学校，这样他们就不必每天晚上写作业了。然而，大多数情况下，如果不做家庭作业，那么孩子的成绩就会降低，而且不做家庭作业还会让孩子在备考过程中处于劣势。今天，我们将学习如何来处理家庭作业这个难题。

为什么难以专注的孩子不爱做作业

很多孩子都有厌烦做作业的情况，鼓励一个易分心的孩子完成作业更像是一项不可能完成的任务，注意力分散确实能削减做作业的动力。作业能帮助孩子练习课堂所学内容，为下堂课做准备，在考试中取得优异成绩。但是，易分心的孩子更容易忽视作业的作用。

孩子厌烦作业最常见的原因如下

____孩子认为，作业太简单、太无聊，或者难度太大，他会认为做作业是一种惩罚。

____孩子觉得作业难度太大，但是却不想寻求帮助。

____孩子很难长时间集中注意力，所以他需要将作业切成小块来完成。

____孩子不理解自己要做哪些内容。

____孩子发现作业内容很无聊。

____孩子不喜欢重复或者死记硬背。

____孩子的阅读有障碍。

____ 孩子不明白做作业的目的是什么。

____ 孩子总是抱怨，做作业时筋疲力尽或者饥肠辘辘。

____ 孩子会抱怨，做作业的地方非常不舒服。

控制情绪对作业的影响

在“第三天”的内容当中，我们已经学习了如何避免因孩子精力不集中产生过激的反应。那么现在，既然你已经掌握了如何控制自己的情绪，我鼓励你主动去接触孩子，帮助他完成作业。你可能不禁会抱怨：“我为什么要去主动接触孩子？他们为什么不能自己完成作业？难道完成作业不是孩子自己的责任吗？难道是我的责任吗？”我非常理解你的这种感受，但是请谨记，你的孩子也没有故意做到不能专注，而且在没有你帮助的情况下，他很可能永远都无法克服这一顽疾。而且，你的目标是帮助孩子去完成作业，而不是替他完成作业。

现在我想为大家提供一些方法，在我的实践当中，这些方法在很多家庭都屡试不爽。你也将学习如何管理孩子对于家庭作业的负面情绪，从而让这些方法的运用达到最高效。

关于家庭作业的一个关键问题就是：即使你可以用最好的方法来武装自己和孩子，但除非你可以亲力亲为地帮助孩子克服作业当中的困难，减少他们的懊恼和负面情绪，否则孩子将始终厌烦做作业。相反，如果你学会了如何去管理孩子对于作业的这种逆反情绪，那么他将会欣然接受各种观点和策略，这样你就能真正对孩子起到积极的作用。帮助孩子完成作业，绝不仅限于帮助孩子解决几道数学题或者拼字题。你还必须能够控制他的这种逆反心理和脆弱的心态，而且最关键的是克服害怕失败的恐惧心理。

这些情绪问题，都会对孩子的学习能力产生巨大的影响。如果孩子对于一些题目感兴趣，那么他们学起来就会更容易，然而如果他们发现题目学起来很有挫败感、很枯燥，那么学习过程几乎就是难以为继。负面情绪不仅仅会让本已分心的孩子更加难以集中注意力，而且还会耗尽他的精力，让孩子无法学习。对于易分心的孩子来说，注意力是一项非常有限的资源，分心是因为注意力不够。

避免家长和孩子之间的权力斗争至关重要，能够帮助减少孩子的逆反行为。简而言之，我鼓励家长们冷静对待，不要执意控制孩子，这样才能够避免陷入到有百害而无一利的情绪拉锯战当中。在接下来的文章中，你能够看到，这种冷静和非控制型的方法，也是解决作业问题的理想方法。这些方法能够帮助你更好地表达你的这种积极的意愿，从而能够更好的实行你的干预措施。

接下来将简单论述两种错误的方式，我经常看到一些家长运用这样的方法去“督促”注意力不集中的孩子做家庭作业。我将它们称为“消极法”和“无情法”，下面是这两种方法的举例和说明。

■ 问题1：消极法

“我觉得，如果你能坐下来把作业完成，会比较好。”

9岁的杰里米的家长很困惑，不知道如何以适当的方式表达对孩子做作业时的各种限制和要求。杰里米在家中占有主动权，他可以不写作业。

最终，经过我和两位家长的沟通，杰里米的爸爸、妈妈变得更加坚决，他们觉得现在更有把握，能够帮助杰里米走出不想做作业的思维怪圈。

■ 问题2：无情法

“你真是又懒又固执，如果你不做作业，我会把你送到少管所去。”

这些话是13岁的科斯丁的父母在气急败坏的时候对他说的。实际上，科斯丁的父母一直都以此相威胁，但与此同时，他们也觉得这样做是理所当然的。但是，他们很快就意识到，虽然他们情绪越来越激动，科斯丁做作业的速度却越来越慢。但所幸，我能够帮助科斯丁的家长认识到，威胁没有什么用处，无论是对自己还是孩子，都是一样的。

■ 停止疯狂的梵音

疯狂的定义是不断做同一件事情，而且期待着每次有不同的结果。所以我鼓励各位家长，停止这种疯狂的行为。消极法不会有任何作用，因为孩子会看出家长是软弱的，他们会忽略你的任何的存在。而无情法也有可能导致一种破坏性的结果，它是走向闹剧的一条不归路。如果你的方法曾经太消极或者太强硬，也不要责怪自己，家长都不是完美的。但是现在，我们必须停止过于消极或者过于强势的方法。你需要冷静、坚定、摒弃控制欲，这才是一种更好的方式。

■ 冷静、坚定、摒弃控制欲

我曾经辅导过一个六年级的学生，叫作乔恩，根本不爱写作业。乔恩的妈妈，西尔维亚也接受了我几个月的辅导。她曾经一度非常消极，而后又过于暴躁，并没有很好的解决乔恩厌烦写作业的问题。这种行为特点在那些束手无策的家长当中是非常普遍的。

我辅导西尔维亚采用上述的冷静、坚定、摒弃控制欲的方法。之后她对我说，“我让自己冷静下来，非常明确地告诉孩子，我已经理解了让他做作业是非常困难的事儿，而且也知道作业是多么让他不堪重负。我告诉孩子,我没法强迫他做作业,但是我非常清楚他内心是非常想做好作业的。”她告诉我，“你的方法非常有效，乔恩并没有感觉我在逼他做作业。他在做作业上取得了很大的进步而且那种母子间的拉锯战也消失了。”

在我撰写本章内容的时候，一位家长林告诉了我一个非常有趣的故事。

林的孩子叫杰克，今年上六年级。她告诉我，在过去的几个月当中，最让她不开心的事每天下午都在反复的发生。每天下午，林都会不断地检查儿子是不是已经开始写作业了。但同时，杰克却一动不动地盯着他的作业本，什么都不写。这时候林就会跟儿子大发脾气，但是却毫无用处。闹剧不断在上演，但是作业却没有完成。

有一天林突然想通了，她意识到，这种母子间的闹剧其实毫无用处。于是她走到儿子面前，脸上带着微笑，紧紧地搂住儿子，高兴地说道，“宝贝儿，我要拿你怎样才好呢？”结果半小时以后，儿子的作业写完了。想想，这中间发生了些什么？

我辅导过一位父亲叫查尔斯，他最近也告诉了我一个使用这种方法的成功案例。

有一天晚上，查尔斯的儿子在一边做作业，一边给女朋友打电话。查尔斯说道：“我走到儿子跟前，平静地要他挂断电话，但是查理那个时候一直不停地讲他能够一心二用，当时我就明白了，这件事儿没那么简单，所以我坚定地说，查理，如果这是一个非常重要的电话，那么我现在要求你，尽快结束电话，回去继续做作业。你猜怎么着，我觉得我的话可能是起到了作用，因为查理随即将头扭了过去，背对着我跟他的女朋友说了抱歉，告诉她一会儿再给她回电话。您觉得怎么样？”

虽然控制情绪无法百分之百保证能够让孩子喜欢做作业，但是，我见过很多孩子，只要家长不那么正颜厉色，都会去完成作业。而且学校的小组讨论任务也印证了这种冷静、坚定、摒弃控制欲的方式，对于孩子的作业完成情况，有着非常明确的积极的影响。

进一步提升作业表现

要想真正做到冷静、坚定、摒弃自己的控制欲，那么你就必须要和孩子沟通，告诉他们，你能够理解他们做作业时的那种挫败感，也能理解他们对于做作业的逆反心理。在“第二天”的内容当中，我提到了难以专注的孩子所面临的种种问题。他们的注意力集中时间很短，组织技能较差，无法很好地管理时间，容易拖延，而且执行指令方面也存在问题。这些问题都是影响作业质量的重要因素。因此请谨记，孩子做作业是非常困难的，他们要同时解决这些跟注意力有关的所有问题。所以，请关注孩子们所面对的这些问题，这样才能帮助他们不断管控自己的注意力问题。

■ 一切都在于你的方法

无论是孩子还是一般人，都不喜欢受控制，或者遭到强迫去做事情。试图强迫难以专注的孩子去做任何事情，尤其是做作业，是完全没有用的。如果你能使用我所建议的方式，保持冷静、坚定，克制自己的控制欲，那么你将避免在做作业时与孩子发生不必要的冲突。请记住，和孩子之间的拉锯战，只能让孩子更想逃避做作业，更不想完成作业。

心理学也讨论趋避冲突这个概念，我认为这和孩子做作业的动力有很大的关系。趋避冲突是指个体会从物理上或者是心态上向自己的理想目标靠近，但同时，潜在的负面影响又会阻止他靠近潜在的理想目标。

所以，让我们将这一理论应用到孩子做作业的问题上。这个问题反映出，孩子从一定程度上讲是希望做作业的。尽管我承认，很多家长都认为难以专注的孩子觉得做作业是没有用处的。但是从某种层面上讲，孩子也知道，作业能够帮助他们取得更好的成绩。从这一点上来说，这个目标就是理想的目标。然而，孩子可能因为做作业困难而懊恼，让他们产生了规避心理。根据这一理论，做作业其实在孩子的心中就成为一场不折不扣的心理斗争。一方面他知道，做作业可能会提高自己的成绩，让自己在老师面前更加体面，避免和父母的冲突；但另一方面，他又想去避免做作业时的痛苦，因为作业是枯燥而且无趣的。作为一名家长，挑战就是要鼓励孩子做作业，而又不触发孩子内心当中的逆反心理。

时刻谨记，因为孩子对做作业有逆反心理，所以就要通过沟通鼓励孩子，而不触及其他的规避心理。以下是一些能够鼓励孩子的表述，都采用了冷静、坚定、摒弃控制欲的方式，我也提供了一些消极法和无情法的对照，从而突出效果的差异。

	消极法	无情法	冷静、坚定、摒弃控制欲
孩子责怪老师，不想写作业	“行吧，我知道你很不爱做作业，但是老师一定不是为了难为你。我明天会给老师打电话，你现在可以去朋友家了，记得7点半回来。”	“要么你现在把作业做完，要么一个月不准出门。”	“我明白你很受挫，我认为老师布置这个作业实在是不应该，但是你仍然需要做作业。我可以帮你，我觉得你该试着做一做。”
孩子拖延，不愿意做作业	“或许，我该给老师写个条，让老师宽限几天。”	“你这个礼拜都在做这些作业，浪费了太多时间，你难道就一点都不在乎吗？”	“我知道，最后期限一晃就到了，我们可以将任务分解开，尽我们所能完成作业。”

鼓励孩子做作业的其他方法

接下来的一部分将提出多条建议，指导家长如何鼓励孩子完成作业。请记住，这一部分的内容仍然是态度和鼓励的问题，将会为成功完成作业做准备。在这儿我要再次强调，这种氛围的培养不能有任何的情绪失控，不能大发雷霆，否则任何的策略、计划安排都无济于事。只有记住这些要点，才能保证接下来章节中的各项策略能够有效地实施。

■ 停止唠叨，倾听孩子的烦恼

正如前文案例所示。西尔维亚和林两位母亲发现了共同的道理，也就是需要停止唠叨。唠叨也许是家长们的一个大问题，尤其是在督促孩子做作业方面更是如此。也许这就是为什么，我至今为止还没有看到过哪一本自学手册以“如何用唠叨成就孩子辉煌人生”为题。与其唠唠叨叨，不如现在就开始倾听孩子的心声和挫折。我曾经辅导过一个高中生，他说：“老师，我父母无时无刻不在我的耳边，在我的身旁，催我做作业。他们并不知道，他们这样做，其实让我觉得非常厌烦，根本不想做作业。”所幸，这个孩子的家长接受了我的建议，使用我的策略方法，停止了唠叨。尽管说这一方法并不能瞬间让孩子做完作业，但是的确能够提高孩子们对于作业的管理能力。

■ **时刻保持与孩子沟通**

我最近在一所学校做了一次演讲，讨论在遇到与学习相关的问题时，如何提升孩子的自尊感。观众当中有一位女士表示，她认为只有和孩子不断地沟通，才能实现这一目标。这位睿智的母亲有个9岁的女儿。她还表示，她越是同女儿沟通（可以说是无话不谈）就越能够和女儿深入地探讨写作业当中遇到的问题。所以请记住，只有倾听，才能巩固和孩子之间的联系。

要强化和孩子之间的联系就要倾听，这样就需要你总结一些短语，能够鼓励孩子更多地吐露他的心声。比如，“你再多讲一些”“然后呢？”“那你对这个问题是怎么看的？”“嗯，我知道你什么意思了。”“那，之后呢！”与其不断地插入自己的建议或者观点，不如边听边寻找。根据孩子对你讲的内容，总结你的感受。比如，“嗯，这样做作业会让你非常懊恼，是不是？”或者，“似乎你觉得做作业很开心。”这些反思性的回应将带来孩子的积极反馈。而且，也要尝试着在必要的时候，运用解决问题式的句式。比如，“你希望你能做些什么？”“你希望事情怎样发展？”“假如你做了这件事儿，你觉得结果会如何？”最重要的是，保持和孩子的联系，将让你避免否定、贬低或干扰孩子表达自己的心声。

我也曾经多次见过，孩子容易分心，却更愿意主动地完成课堂和课后作业，特别是愿意配合他们觉得十分亲近的老师。师生关系越亲近，学生就越愿意完成课上及课下的各种课业要求。

从孩子的角度想问题

真正做到从孩子的角度想问题，尽管站在难以专注的孩子的角度想问题，需要一定的想象力和耐心，但是，请你尽量关注孩子羞于启齿或难于表达的那些感受。换位思考能够帮助家长和孩子避免恶性的拉锯战。不要一味地和孩子争吵，要试着去倾听他们的诉求。其实你可以在理解孩子的同时，保持自己的立场不变。

与此同时，最为行之有效的沟通方式莫过于“为什么你不让我帮你呢”大多数孩子，尤其是难以专注的孩子，常常并不知道他们的各种行为和感受背后的原因。几乎可以断定，孩子对于家庭作业的负面情绪实际上在他的规避行为当中起了一个非常重要的作用。我们需要站在他的角度，理解他的负面情绪，否则孩子很有可能会因为在向你倾诉各种挫败感和恐惧感的同时感到安全。请记住，站在孩子角度想问题，并不意味着你要每件事都同意孩子的看法，或者是宽恕孩子不做作业的行为，而是要通过沟通去除家长和孩子之间的隔阂，这样才能进一步地探讨孩子如何能够正常完成作业。

■ 对表现的期待要适度

希望这本书能帮助你的孩子彻底转变，让他爱上做作业，我想这应该是不现实的。对于家庭作业的厌烦也许会伴随这些孩子一生。事实上，家长应该始终关注，帮助引导孩子克服这种心态，直到孩子完成学业为止。但是，与此同时，只要你应用前文所讲的种种原则，尽量保持耐心，孩子的家庭作业问题就会得到很大程度的改善。往往是那些愿意坚持的家长，才能让孩子取得良好的进步。

请记住，罗马不是一天建成的，凡事非旦夕之功。我见过许多非常努力的孩子，虽然不十分专注，但最后也非常顺利地从高中毕业，甚至还有的孩子上了大学，取得了更辉煌的成就。其他人也找到了很不错的工作，以自己的方式承担责任，成功完成了本职工作。我也见过有些孩子从中学辍学，之后又重返学校，重振旗鼓，而且在大学也名列前茅。大多数情况下，孩子最终能够迎头赶上，所以请家长们务必要保持耐心。

■ 忽略消极表现

即便是你充分地换位思考，给予孩子很大支持，非常耐心，但如果这个时候你的孩子说："我就是不会做作业！"那你可能会问："那么现在我该做些什么呢，杰夫博士？"我建议你继续保持耐心、冷静、坚定，声音中不能带有控制的情绪。

然后，请尝试着去假装一下，也就是说去鼓励孩子，假装他能够做作业。告诉他，假装他懂了，知道怎么做作业了，然后看看孩子是否能够在这个基础上，将作业一点点完成。如果孩子仍然说他不知道怎么做作业，那你可能就要帮助他。但是，也要多提问题，而不是直接告诉他答案。以下是一些表达方式，能够帮助你克服孩子的这种“我做不了作业”的情绪。

“题目的哪一部分你理解了？”

“你能不能给我举个例子，你是在哪儿卡住了？为什么卡住了？”

“告诉我你觉得答案是什么？”

“你看看怎么才能做出来？”

帮助孩子完成作业的24条建议

以下是24条帮助难以专注的孩子完成作业的小贴士。我们现在讨论的是后勤支持问题，而不是情绪管理方面的问题。有些策略可能更适合你和你的孩子现在现阶段的水平和能力，所以，先试着去应用那些合适的策略，将其他的贴士收藏起来，未来可能会派上用场。

1. 创造良好的学习环境

学习空间，应该是照明充足、设施齐全，安静舒适的。在多数情况下，要想让孩子能够很好地完成作业，就要让他每天都在同一个地方写作业。有一点非常重要：让孩子参与共同选择学习的场所。学习场所不一定非要是书房，对于很多孩子来讲，厨房的餐桌或者是卧室的一角，都是可以的吗，但这个区域必须要安静，这样才能避免干扰。如果孩子希望她做作业的时候你在身旁，那么你就应该尽自己所能的，监督她的进步，鼓励养成良好的学习习惯。

而且孩子还有可能非常喜欢装点这个特别的学习空间，那么就让他享受这个过程。学习体验越好，孩子就越爱做作业。一个色彩鲜艳的笔盒、一些贴在墙上的剪贴画，都能让学习过程更加愉悦。对于大一点的孩子来说，带有自己喜欢乐队图案的CD包装，经常能够带来放松的心情。

如果你生活的空间较小，或者是环境较为嘈杂，那么就试着在孩子做作业的时候让其他家庭成员进行一些安静的活动，而且有时也需要让其他爱吵闹的孩子离开学习的空间。如果干扰实在无法避免，那么孩子也许应该去附近的图书馆完成作业。

也请记住，有一些孩子必须要有一些背景活动，才能做得更好。在一些情况下，放一些音乐或者是进行一些其他的活动，可能会让孩子更加地放松。请家长们接受这种情况，这些方法有可能会起作用。

2. 制定时间表

决定何时坐下来完成作业，也许对一个难以专注的孩子来说是一件艰巨的任务。但是，这样对家长和孩子都有好处。我发现，对于很多难以专注的孩子来说，放学之后马上做作业并不是最好的选择。多数孩子，尤其是容易分心的孩子，需要时间去放松和缓解压力。我辅导过的很多家长都发现，最好能够和孩子共同去选择一个固定的做作业时间。即使孩子当天没有作业，也应该用预留的时间复习之前的功课，阅读自己感兴趣的书，或者是预习功课。

制定时间表可以起到非常积极的作用，这种案例屡见不鲜。时间安排是可以预测的，这样孩子就能够按照常规做事。

琼和他13岁的儿子赛斯与我见过几次面，共同探讨了多种时间安排的方式（比如，放学后马上做作业，或者等上一个小时再做作业）。但是，更加明智的做法是，琼鼓励赛斯往时间安排当中添加一些内容，这样就能让时间表更加切实可行。母亲的大力支持和配合，帮助赛斯很好地执行了时间表，结果非常成功，琼再也不用到处追着儿子要他做作业了。而且，母子也商定，要想打电话、看电视，或者做其他的事情，首先必须要先将作业完成。

同时我也知道，很多孩子是有课余活动的，比如，体育活动或者音乐课。这就意味着，你需要制定一个相对灵活的时间安排。有时候孩子需要下课立即做作业，有时候要在晚上做作业。如果孩子没有足够的时间来完成作业，那就应该放弃一些课外活动，作业必须优先安排。

你也许要多花一些精力，和上小学的孩子共同制定一个时间安排，大一点的孩子也许能够自己独立地制定时间安排，不过你也要确保孩子制定的时间安排是切实可行的。你还可以将时间安排写下来，贴在能看到的地方，比如冰箱门上。

3. 关注孩子的记事本。

将你自己想象成为孩子的一个附属组织大脑，训练他让自己的生活井井有条，确保孩子将要求的作业项目都记录在案。如果我说很多难以专注的孩子都会忘记带记作业本，你一定会感到稀松平常。如果孩子的作业本总是不翼而飞，那么你就需要在学校安排其他人帮忙。总之，目标是要确保孩子在离校的时候，能够完整地记录下每天的作业内容。现在越来越多的老师会将当天的作业放在班级的网页上，这样，家长和孩子就多了一种审查的方式，能够确保要完成的课堂作业内容没有遗漏。

4. 了解最适合孩子的学习方式

了解孩子的学习方式将更有益于帮助孩子。比如，你的孩子是不是依赖视觉信息来学习？孩子是不是每当看到图像的时候才会学得更好？如果情况的确如此，那么就在完成一些作业的时候，画一幅图或者是一个表。比如，有一个家长就发现，他七年级的孩子在读完科学课本之后，总是记不住细胞核与核仁之间的区别。但是，通过反复绘制图片并且将细胞核结构一一命名，孩子便很轻松地记住了各部分的名称。

孩子是不是在听到一些内容的时候学习效率最高？这种情况下，也许需要给他听个故事，或者朗读一系列的指令。如果书面材料太多，或者是图片表格太多，就会让孩子更加困惑。孩子是不是在能够动手触摸、移动一些物体的时候，最容易理解其中的奥妙？比如，将一个苹果切成四瓣、六瓣或者八瓣，能够帮助一个小孩子更好地观察空间结构之间的关系。对我自己来说，一张比萨饼就是饼状图的完美诠释。

5. 了解老师对作业的要求

在学期开始的时候，请询问老师以下问题。

- 一般希望孩子用多长时间完成作业？
- 孩子如果实在做不下去作业了，那么我能做点什么？
- 如果孩子有概念没掌握，那么你有哪些建议？

众所周知，老师的要求是因人而异的。最近，我参加了一个学校的会议，两名老师在会上坦言，他们检查作业时更关注作业的完成程度，而不是解答准确与否。

所以，请询问孩子的老师家长能做些什么？是检查作业是否按时完成，还是应该做些其他的事情？有些老师希望家长能够检查作业的正误，而有些则希望家长确保孩子完成作业即可。如果孩子的作业出现问题，也可以让老师通过电话与你沟通。

6. 分清作业的轻重缓急

对于很多难以专注的孩子来说，决定作业先做哪项后做哪项是一项非常困难的事情。我曾经辅导过一个五年级的孩子叫达林。她会在做选择的时候犹豫很长时间。我帮助达林的父亲，辅导孩子如何挑选重要的功课，然后优先完成。

鼓励孩子将作业编号，一项一项完成，之后再开始做作业。有些孩子应该从内容不长也不难的题目开始，同时避免在题目过长或难度过大的问题上花太长的时间。多数孩子都喜欢先做难题，但是也要注意，对于有一些孩子，先完成简单的题目，会让他们找到更好的状态，接下来再完成较难的题目。一定要以一种开放的心态去接受孩子做作业的方式。

7. 先关注正确的地方

家长有时会习惯关注错误的回答。家长文斯向我坦言，他在改变了态度以后，和8岁女儿之间的互动更加有效了。文斯一开始，总是感到非常的沮丧，因为在检查女儿作业的时候，他总是发现很多的拼写错误，这让他非常的懊恼，而女儿又非常生气。但有一次文斯突然明白了，开始逐渐突出女儿的那些拼写正确的“小亮点”，而不是去一味地指出她的错误。这样，父女两个人的耐心都增加了。另一位家长蒂娜在帮助儿子完成数学题的时候，也有同样的感悟。

下一次，当孩子把作业拿给你看的时候，先去看他哪些地方做对了。对于那些错误的答案，可以尝试着跟孩子说，“我觉得你再看看，肯定会有不一样的答案。”文斯和蒂娜两位家长都发现，培养孩子的一种积极的心态，关注作业当中的一些小亮点，多鼓舞孩子，将会帮助孩子解答更难的问题，迎接更多的挑战，这种方法是行之有效的，很容易减少孩子的消极表现。

8. 讨论作业

很多情况下，作业都会成为家长与孩子之间谈话的一个禁忌。千万不要让这种情况发生在你身上。经常询问孩子作业的情况，保持冷静、坚定，克制自己的情绪。只要你能够保持这种积极的态度和孩子交流，指导和支持孩子去解决问题，就能够帮助孩子思考作业的作用，将作业切成可以完成的小任务。以下是一些相关的内容：

- **你知道自己应该做什么吗？**一个朋友曾经告诉我，他本来准备做顿饭，叫他的孩子去拿一把炒锅，孩子兴高采烈地回答，“好的，爸爸。”5分钟以后，孩子调皮地回来了，问他的爸爸，炒锅长什么样。你可能已经猜到我想说什么了。说到作业，首先要让孩子读懂作业的题目，之后让他用自己的话总结作业的内容。一个五年级的孩子，每次都需要在做作业之前让他人帮忙把作业分成若干个小部分。另外一个上中学的孩子，也需要有人为他明确什么时候用大写字母什么时候用小写字母。我曾经辅导过一个上高中的孩子，他总是区分不好14行诗和叙事诗。如果你自己能够理解作业的题目，就可以给孩子举些例子，但是一定要让他自己完成作业。如果孩子还不能识字、不能阅读，那么或许老师已经为家长准备了一些作业的指导。如果孩子不懂题目的意思，那就和他一块儿读一读，讨论一下作业的内容。确保你说的每个字孩子都能听懂，如果有哪些字不懂，就跟他一起查一查这个字的意思。如果你也不懂，孩子也不懂，那么请联系一位同学或者是老师，咨询作业的内容。

- **写作业的用品是否都已准备好了？**难以专注的孩子，书包和课桌里都是杂乱不堪的。有时候孩子需要一些特殊的工具，比如彩色铅笔、直尺、地图甚至是参考书。难以专注的孩子经常忘记他们带了些什么，把哪些东西落在哪儿了？所以一定要确保孩子所有的用具都齐备，而且将这些工具保存在统一的地方，方便拿取。如果有些东西不齐，那么请询问老师、校方指导员或者是校长，让他们提供可能的帮助。还可以去当地的图书馆或者学校图书馆，借一些其他的书或者是相关资料。

- **我们怎么完成作业最合适？**很多难以专注的孩子在写作业的过程中，都喜欢跟家长讨论做作业的步骤，这让他们觉得更加舒服。有时候，一个书面的清单能够帮助减少孩子的焦虑感。尽管孩子可能看上去不太开心，但这样的清单还是能够帮助孩子回顾笔记，重读课本上的某一章节，然后再开始写作业。

- **你之前见过类似的问题吗？**新材料对于难以专注的孩子总是非常可怕的。很明显，学习就要接触新的概念。无论何时，都应该尽量让孩子保持安定的心态，提醒他之前也曾独自面对并且成功地解决了类似的问题。

- **你觉得这样回答合理吗？**难以专注的孩子，一般总是会不假思索、急三火四地完成作业。所以，要教会孩子停下来思考一下自己的回答是不是正确的，这一点很重要。应该教会孩子思考自己的数学题答案是不是符合逻辑。同样，也要鼓励孩子，去质疑自己的答案，提醒孩子，很多小伙伴在解完数学题之后都需要反复检查，然后再提交作业。

- **你是在哪儿卡住了吗？**我们总有碰到难题的时候。但是当一个难以专注的孩子碰到了难题，他们经常束手无策。一般情况下，孩子都会拉开架势准备做作业，但是一旦他们遇到了问题，就马上泄气了。请记住这一点，并且教会孩子坚持做下去。有时候，也要帮孩子判断哪些题是可以跳过去不做的，这样没有什么不对。这和替孩子写作业而纵容他们分心完全是两回事儿。

9. 不要让时间捉弄了你和孩子

对于很多难以专注的孩子来说，做一小时或者两小时作业，其实跟做10分钟的作业没有多大的区别。一而再、再而三地容忍一个孩子拖延做作业的时间，不但效率极低，而且只会出现一种效果，那就是让家长感觉时间还不够。如果不指出这一点，那么孩子就会一直觉得时间不够用。

母亲雷切尔已经对他的孩子菲尔束手无策了。几乎每天晚上，菲尔都会写上7小时的作业。实际上菲尔是非常乐意花时间去做作业的，但是他总是会受到干扰，中间会溜号。我告诉菲尔，即便他妈妈发现他做作业效率低，让他停下来，也没什么不好，他不必因此而感到紧张。

有效的时间管理在很多情况下都是大有裨益的。通过时间管理，你将运用时间的概念激励孩子完成作业。比如，如果小学六年级的孩子知道他只需要花半小时做一部分作业，那么他就不一定会敷衍了事，急着去看电视。而且，如果你在他看电视之前检查作业的完成情况，就能够保证孩子认真完成作业，并且能够给孩子一个清晰的目标感。要求孩子在一段时间之内完成作业，会减少忘带作业的情况，帮助孩子适应常规流程。

同时，要小孩子能够更轻松地做作业，还可以指导他将做作业的时间分成15分钟到20分钟的小块，中间休息。另外，对于时间的分配不要太僵化，最好还是根据当天的情况而定。需要在实践中磨合，这样才能确定孩子在多长时间之内做作业的效率最高。

10. 是监督而不是代写作业

我在前文提到过，家长替孩子写作业会助长孩子逃避作业的心理。

我见过很多家长苦于看到孩子自己写作业，也很难从错误当中学习，因此有些家长就干脆替孩子写所有的作业。

有的时候说起来容易，做起来难。很难划清界限，区分好什么是支持孩子写作业，什么是纵容孩子逃避写作业。但是家长最不该做的事情就是教孩子逃避责任。家长出马替孩子完成一份难度很大的作业，只能让孩子自欺欺人，对孩子有百害而无一利。事实上，最终的结果将会非常可怕，因为这样一来，孩子就慢慢地养成了依赖的心态，在没有帮助的情况下就会感到绝望。

很多小学生喜欢有人陪着写作业，因为这样可以问问题。如果你的孩子有人照看，请和照顾孩子的人沟通，指出你希望怎样帮助孩子完成作业。根据我的经验看来，支持孩子独立完成作业的保姆对孩子是很有帮助的。事实上，推翻家长在写作业上的最高权威，有时候是家庭学习的一件好事儿。

一般来说，应该检查小学生的作业完成情况。如果初中的孩子写作业有困难，那么也需要检查。如果家长不在家，那么回家以后也要检查孩子的作业。教师批完作业之后，家长一定要仔细阅读老师的评语，看看孩子的表现如何。

请记住以上所有的建议，即使孩子实在不能独立完成作业，也要让孩子诚实地尝试去完成。不妨给老师写张条，解释一下情况，比如：

- 题目表述不清晰。
- 家长似乎无法帮助孩子理顺任务，完成作业。我们无法给孩子写作业提供必要的支持或参考材料。孩子和家长都不理解题目的目的。

- 作业题目不是太难就是太简单。
- 作业量不稳定，比如，周一、周二、周三、没有作业，但是，周四，4位老师都布置了非常多的作业，第二天都要上交。
- 孩子缺课了，需要补作业。

多数老师都会理解这些情况，如果难以专注的孩子有严重的学习问题，或者是精神非常紧张，那么他将会有可能面对非常严重的挫败感、恼怒或者是失望，如果出现这种情况，那么，孩子可能需要额外的学习上的支持，针对这种情况，请查阅，“第四天”的相关内容，回顾需要特殊安排的教育方案。

11. 使用清单

帮助孩子养成制作清单的习惯。使用清单一项项划去完成的任务，非常有帮助。

我曾经辅导过一个上九年级的孩子，叫乔，是一个不折不扣的难以专注的孩子。他非常明确地对我说，他根本不在乎写不写作业。我跟他共处了一段时间，了解情况之后，鼓励他做一份兼职，去杂货店当一个收银员。上岗之后，孩子很快就意识到，如果在校读书时成绩好，那么就不必去杂货店当收银员了。而且他也明白了联邦政府并没有任何取消作业的方案待通过。所以，乔进行了一些全新的尝试。他开始使用清单，而且意识到在清单上划去已经完成的任务，给了自己一种成就感。

请教你的孩子使用清单，列出所有的作业、家务及其他任务的提示。如果记作业本对孩子不起作用，那么他可能会喜欢拿一个小笔记本，专门用来制作作业清单。

12. 整理书本和笔记

我不知道你的反应如何，但是我在面对一大摞文件或账单的时候就会崩溃。相信我，难以专注的孩子在面对狼藉的书包或者桌面时更加会崩溃。尽量帮助孩子整理各种资料，帮助他们利用活页夹或者本夹对资料进行分类。这方便孩子复习每天的课上内容，组织资料，准备考试。使用彩页或者是彩色的笔记本来区分课堂笔记。将笔记标记为“待办”或“已完成”，来帮助组织各种单页、通知以及需要家长签字的资料，为孩子提供一处存放已完成作业的区域。

我鼓励家长和孩子一同整理书包，最好每周一次。旧的试卷应该进行归类，单独放在家中。我推荐家长准备一些盒子来存放旧的作业、课堂笔记和试卷。我认识一位母亲，她甚至在家中为孩子安装了多个储物柜，专门存放以前的各种资料。

无论以什么方式存放，各种资料都应该按照科目或是时间先后来分类，这样孩子今后就能够随时查阅。我建议孩子以时间来将资料分类，但是，不必花太多的精力编排资料的顺序，区别时间顺序是一件非常烦琐的事情，孩子们可能会产生厌烦的情绪。简单来说，一叠旧资料放在下边，就已经很好了。孩子长大了，就能够对这种归类的方式进行调整。这种方法对于孩子非常有帮助，能够让他的各种本册井然有序，方便拿取。孩子的书包重量越轻，自己感觉负担就会越轻。也可以让老师监督孩子清理在学校的储物柜。

13. 张弛有度，遵循家规

家长们总会为孩子安排一系列的客户活动，比如，学柔道、踢足球、参加教堂活动等等。但同时在这个花花世界当中，还有电脑、电子通信工具、电视、手机以及其他设备会干扰孩子们按照常规完成任务，也影响家庭生活的可预见性。请尽可能制定固定的晚餐时间、固定的睡觉时间，并且努力按时完成。有了固定的规程，孩子将会非常惬意。这会帮助孩子在家中养成行为习惯。往往按时睡觉的孩子，都会以饱满的精神状态上学。家长应该尽量限制孩子看电视和玩电子游戏的时间。

14. 制定一个总体日程表

黛安的丈夫和3个孩子都患有注意力缺陷过动障碍。她发现，在家里悬挂一个大型的时间安排表，列出各项家务和孩子们课外活动的时间对全家都非常有帮助。你可以利用这样一种方法标记孩子考试的日期，或者作业的最后期限，这将帮助你发现相互冲突的活动时间，也能够让头脑保持冷静。

15. 帮孩子为第二天的学习做准备

在孩子上床睡觉以前，最好是以一种平静、坚定而不居高临下的口吻，鼓励孩子去收拾第二天上课要用的课本和用具。如果第二天早上孩子的衣服鞋袜都一团乱，准备作用就会凸显出来。孩子一般都不愿意去做这些事，但是我觉得，作为家长应该懂得这其中的深意。只要预先采取措施组织管理生活，就会减少第二天早晨的忙乱和困惑，让孩子能够为一天的学习做好准备。

16. 聘请一位家庭教师

如果你恰好有这样的资源，能够聘请一位老师来指导孩子，会对孩子完成作业大有帮助。当然很多家教都是请来帮孩子学习新概念的，尤其是那些他们在学校没有掌握的概念。但是与此同时，家教也可以帮助孩子来完成各项作业，综合各方面的因素，起到积极的作用，给孩子一个没有家长的环境，也给家长一个休息的时间。很多社区图书馆都提供免费的家教服务，而且，孩子所在的学校也可能提供免费的家教服务。

17. 额外准备一套教材

我在“第四天”的内容中已经提过，在家准备另一套教材，能够帮助孩子完成作业和复习。但是孩子所在的学校有可能配合家长的这种要求，也有可能拒绝，这既取决于学校的相关规定，也取决于学校是否有多余的教材以及校方的配合程度。首先，家长应该确定谁负责分发教材，之后联系负责人，充分说明理由，有时还要不断地跟进。埃利森是我曾经辅导过的一个孩子，她总是会将课本忘在学校，于是他的父亲就向校方提出，希望拿到另一套课本，之后作业的问题就基本上解决了。但是在解决问题之前，经常是父亲载着女儿深夜回到学校，恳求看门人让女儿进学校，从橱柜里拿书回家。

18. 身体力行树立好榜样

要想孩子学习起来更带劲儿，你就要跟他一起看书写作，或者完成一些需要思考、需要努力的工作。也许可以和孩子并排坐下，整理你的账单，或者在监督孩子的同时读一本书。

另外一个树立榜样的方式就是跟你的孩子沟通（尤其是在她不愿意做作业的时候）。讲述你成功管理自己生活的案例。也可以与孩子分享你遇到的挑战和困难，以及你的心得体会。孩子越了解你的弱点，就会越觉得你真的理解他的困难，这样彼此之间的联系就更紧密了。

19. 关心孩子的在校生活

抽时间带孩子去图书馆，查阅写作业需要的资料（也可以让孩子喜欢什么就看什么）。一有时间就跟孩子一起读书，在家时谈谈学校和学习活动。问问孩子，今天上课都学了些什么？如果他没什么可说的，那就换种方式，比如，让孩子大声朗读他写的或者读过的故事，讨论一个科学实验的结果。

另外一种表明你关心的方式，就是参加学校的活动，比如家长会、表演和体育活动等。你还可以去主动帮助协调一些课堂活动或者是一些特殊活动，认识一些孩子班上的同学和他们的家长。这样不但能表示你对孩子的关心，而且还能建立起一个支持孩子的网络。鼓励促进学习的活动，比如教学性质的游戏、参观图书馆、拜访社区邻居、参观动物园、博物馆以及能培养孩子责任感的活动。

20. 关注长期项目作业

提醒孩子，从远处看一头大象，会觉得它很小，但实际上，当你到了它跟前，就会觉得它是一个庞然大物。孩子需要认识到，项目作业也是这么一回事。

老师一般会教学生如何准备长期的作业。但是仍然需要时间和实践，来养成好的做作业习惯。你可以在家巩固孩子的这些习惯，一种方式就是帮助孩子规划好时间，来完成作业。比如，一个八年级的孩子三周之内要交一份读书报告，那么家长就可以和孩子共同讨论以下各个步骤，一步一步地来按时完成作业。

- 选题

- 进行研究，查阅书籍和其他所需的资料
- 收集相关话题的必要资料，并且做好记录
- 明确自己要讨论的问题
- 撰写概要
- 撰写报告初稿
- 修改完成报告

21. 教会孩子如何学习

我上大学的时候并不知道如何学习。那时候我看到很多学生，坐在寝室里、躺在沙发上手拿荧光笔。我并不知道荧光笔到底能在多大程度上帮助他们学习，但是对我来说荧光笔似乎用处不大。如果我有荧光笔，也只会把整本书都涂上颜色。

很明显，没有人生来就会学习。学习就是要积极地参与课堂教学活动，认真消化教学内容，做到融会贯通，而学习的过程也不是一蹴而就的。以下列举几条基本的学习小贴士，帮助孩子的学习走上正轨。

管理孩子的时间

压力最大的莫过于考试前临时抱佛脚。格洛丽亚有两个11岁的儿子，都有注意力缺陷过动障碍。她发现帮孩子在考试前做好复习非常有帮助。她训练孩子制定任务时间表，还会给孩子出模拟测试题，让孩子根据自己的理解写下答案。以下是其他方法，有助于管理孩子的时间，激励孩子学习。

- 制定一个时间表，跟进各项任务、作业、会议、考试以及其他活动。亚伯就用这样一个时间表帮助13岁的儿子卡尔规划未来的任务，避免课

业压力过于集中。他们家的口号就是，“向前看，注意看”。因为父子都意识到，均摊任务量的关键就是要避免突击。

- 如果时间安排允许，利用星期天的晚上来制订计划。和孩子一起研究下一周的任务，制订周计划，这样孩子就能按部就班地完成每项工作。
- 帮助孩子记录待办事项，并将任务根据轻重缓急排列。奥布雷教她的孩子在每次完成任务之后就画掉表中的一项，母女二人在完成所有任务之后会击掌庆祝。此处的经验就是，不要搁置困难的或者是重要的事物。如果一项任务看上去十分困难，那么就将它分成小步骤，逐一完成。

学好课本内容，做好阅读作业

阅读作业对于难以专注的孩子来说是非常可怕的，所以就要引导孩子，使用以下的一些方法，化解这些难题，做好作业。

- 先让孩子浏览各章的标题，思考关于这些标题的背景知识。
- 教孩子阅读每段的段首和断尾，思考每篇、每章的中心思想。
- 强调注意副标题以及任何斜体或加粗的内容，还要让孩子注意图示、图说，以及每章的总结，这些都能提示孩子文章的重要内容。
- 另外一个行之有效的策略，是让孩子在阅读章节内容之前先读完每章末尾的问题，这样就能提示他整个文章的主要内容。
- 在孩子阅读内容的过程中指导他，在另外一本笔记本上做笔记，或者用荧光笔在书的边缘做记录。做笔记能够帮助孩子集中精神阅读材料，这样对于难以专注的孩子来讲才算是有了一个比较理想的起步。
- 和孩子一起编制考试练习题，并且让他独立作答。也可以给低年级的孩子做听写，然后让他自己纠正错误。

● 在本书的参考资料部分，罗列了一些书目和练习册，能够进一步指导家长组织和培养孩子的良好学习习惯。

22. 鼓励肯定孩子的进步

人无论老幼，都喜欢别人鼓励和夸奖。孩子需要家长的鼓励，家长的意见对他们来说是最有价值的。没有任何一个年龄段的孩子曾经和我抱怨过，家长鼓励他们、夸他们过头了。请家长们记住，适当的鼓励能够激发孩子的学习热情，能让孩子们更加努力，而适当的表扬也正是对孩子努力的一种认可，所以鼓励和表扬都至关重要。

以下是一些鼓励孩子的话：

● “虽然你没有做完这道题，但是你做得非常认真，我为你感到骄傲。”

● “我了解，你并不爱读老师布置的这本书，但是我觉得，如果你尽力将它读完，会非常棒。”

● “尽管只拿了一个C，但你的确是踏踏实实地把作业做完了，我非常欣赏你的努力。”

以下是一些表扬孩子的例子：

● “读书报告的初稿写得不错！”

● “今年头一次得了个A，干得漂亮！”

● “你比去年好多了！很不错！”

请记住鼓励和表扬，对于激励孩子完成作业是有着深远意义的。难以专注的孩子需要家长的大力支持。即使要批评孩子，也要有理有据，千万不要对孩子说：“你真想把这份破作业交上去吗？”试着换种说法，“要想老师理解你的想法，你最好写得工整一些。”如果孩子写得真得非常工整，那么不要吝惜你的表扬。

23. 保证孩子按时交作业

很多难以专注的孩子根本就不交作业，即使做完了也从不上交。这种情况理所当然会让大多数家长气得捶胸顿足。先别急着生气，我觉得家长应该和孩子的教师保持沟通，通电话或者是写邮件都可以。家长和老师的沟通至关重要，只有沟通好了，才能共同解决孩子的作业问题。在有些情况下，学校的辅导员也会帮助解决这种问题。

在我合作过的一个学校，有个孩子只要不交作业，下课就会被留到学校。这一做法迫使孩子不得不做出选择，是在学校还是回家写作业。可想而知，最后孩子选择了回家做作业。重要的是，大多数时候孩子交作业的情况越好，分数也就越高。孩子作业上的进步，无论是要归功于家长、学校，还是两方的通力合作，花在孩子身上的时间都是物有所值的。

24. 主动和老师沟通作业问题

简单跟老师介绍会面的意图。即使这不是你第一次见老师，也没有关系。你可以说："罗比做数学作业有困难，我已经尽力帮他了，但是我不知道为什么他总是完不成作业，我们应该怎样辅导孩子？"不要直接找校长，要给老师一个解决问题的机会。

尝试着以合作的态度跟老师沟通。因为即便是家长和老师之间会有一些分歧，大多数的老师仍然会真心帮助家长和孩子解决问题。但是。如果老师和家长站在对立面上，那么问题就很难解决了。即使家长有事情要反映，也不要让老师觉得难堪。比如，即便事实的确如此，也不要说你觉得作业出得太没水平了。可以说："我觉得凯文一年级的加减法掌握得越来越好了，但是他却不愿意答数学卷，我们能不能换一种方式来教他。”这样或许老师更愿意给凯文另起炉灶。也许，这样孩子学加减法能学得更好。多数时候，如果作业经过精心设计，那么大多数的孩子都会非常乐意做作业，比如：

- 可以为孩子提供同一道题目或者同一个内容的不同解题方法。
- 也可以给学有余力的同学多布置一些作业。
- 可以给某些科目学习有困难的同学单独布置作业。

同老师见面的时候，说明你的想法。如果你不了解问题出在哪儿？一定要跟老师说清楚。有的时候，难以专注的孩子说的和老师讲的情况是大相径庭的。所以要注意，孩子无论是有意的还是无意的，有时会歪曲事实。比如，你的孩子可能会跟你说，老师从来没解释过作业的注意事项，所以他才不知道。但是老师也许会告诉家长，孩子根本就没有注意听讲。

还要确保家长和老师之间的沟通明确无误。认真听老师讲，一定要听懂老师说什么。同时还要确保老师理解了家长的观点，如果在会面以后，你突然觉得没听懂，那么也可以再跟老师沟通，再次确认。也不妨总结一下老师的话，比如，“好，那么你的意思是我要不断关注孩子的作业情况。每天晚上检查他的作业本，在新的作业后面签字。每天，你也会检查孩子是不是完成了当天的作业。这样，我们才能确保他完成作业。我理解得没错吧？”

同时还要不断跟进，确保和老师商定的办法能够执行好。如果老师说，孩子应该再多花些时间练习写作或者除法，那一个月以后，你就要再次向老师询问孩子的作业情况。

第五天　总结

对于难以专注的孩子来说，开始做作业并保持注意力，最后完成作业，整个过程是非常困难的。帮孩子完成作业，是一个绝佳的契机，能够让孩子在今后的学习乃至生活当中成功的机会更大。通过帮助孩子完成作业，家长可以教导孩子重要的自律原则和责任感。家长越早开始执行上述的这些建议，孩子起步得越早，结果就会越理想。但是，只要现在开始着手解决作业问题，都为时不晚，能够对孩子的教育乃至一生起到积极的作用，请谨记以下几点：

- 注意，负面情绪对孩子和家长都有极大影响，能够严重降低孩子做作业的效率。
- 保持冷静、坚定，摒弃控制欲，这样才能避免作业拉锯战。
- 陪孩子一起完成作业，不断地鼓励和支持他。
- 能否贯彻以上的各条建议，并不是最关键的。重中之重是家长愿意花时间、花精力陪伴孩子学习，帮助他管控自己的专注力。

6

OVERCOMING PERILS WITH PEERS

DAY 6

第六天 处理好伙伴关系

安妮塔的孩子叫艾迪，今年10岁。安妮塔曾经半开玩笑地告诉我，她非常期待回到从前，回到带着艾迪去其他朋友家串门的那段岁月。她坦言，以前日子比现在过得开心，没有这么艰难。我辅导艾迪的时候，他上五年级。当时，他的状况很不好。因为艾迪的注意力问题得不到控制，很容易冲动，爱发脾气，逐渐地被所有的小伙伴疏远了。

在第一期辅导中，安妮塔跟我讲了许多艾迪所经历的让人痛心的事。最终，艾迪参加了一个社交技能小组，这样我才有机会能够辅导他，现在，艾迪变得越来越善于与同学沟通，处理与同学之间的关系也更得心应手。

交朋友和巩固友谊，尽管对于所有孩子来说，都不是一件容易的事，但是，难以专注的孩子更加不善于交际，也不善于保持与同学的关系。这些孩子和其他孩子不同，他们更容易误会其他人的想法，行为也很不当，处理不好社会关系。他们讲话总是没有重点，其他人很容易不知所云。这些孩子还特别好动，对于伙伴们的嘲讽和肢体接触都会更加的敏感。所有这些不合群的行为和蹩脚的社交技能，都会让同龄人疏远他们。

今天，我来帮助你理解孩子处理同龄关系时的各种问题和挑战。你将会学习一些非常重要的观点和策略，帮助指导孩子建立更加健康、积极的同龄关系。

社交能力关乎孩子的生存

伙伴关系问题会给那些难以专注的孩子的生活造成严重的障碍，这是一个非常残酷的现实。举个例子，如果孩子处理不好与同龄人之间的关系，就更容易焦虑、行为和情绪错乱、吸毒，甚至沦为少年犯。但是，积极的一面是，通过培养孩子的社交技能，理解他们的困难，换位思考，家长能够指导孩子走出同龄关系危机，建立更好的同学关系。以下是一些具有代表性的案例，其中的孩子都接受过我的辅导，并且成功地克服了这方面的问题。

■ 布莱特的故事

布莱特今年21岁，诊断患有注意力缺陷过动障碍，他和他的家人几年以前曾经接受过我的辅导。当时，正值大学放假，他就来我这儿“挂了个号”。当时坐在我面前的那个年轻人如今已是今非昔比了。曾经，其他同学都排斥他。他不会用眼神与人沟通，对话总是没有逻辑，也不懂得如何待人接物，他的反应总是很过激，这些都让他形单影只。但是，如今布莱特却得意地跟我说，他现在在学校过得很好，还交了个女朋友，而且考虑做一名会计。

很明显，这是个励志故事。但是，他也向我坦言，回想过去，那些日子对他来说是非常艰难的。布莱特之所以遇到这样的困难，很大程度上是因为他难以专注。这让他的学校生活成为了一场噩梦，进而影响到了他与同学之间的关系。布莱特告诉我，“的确得承认，原来我参加考试的时候，并不在乎我考的怎么样。因为当时我想，我宁愿装成个坏孩子，也不愿意让别人发现我蠢。但是我却从来没有意识到，这样实际上在其他孩子看来，就是一个不折不扣的失败者。”

尽管类似的成功案例十分常见，但是我也见过很多失败案例。如果青少年社交方面存在障碍，就很容易影响到他们的学习表现。在这些情况下，难以专注的孩子可能会非常沮丧，因为他们处理不好同龄关系，这会让他们逃避责任，尤其是逃避学习。

布莱特还这样反思道：“杰夫博士，原来我几乎事事都失败，我也什么都不在乎，当时我非常消沉。而且，我也给原来和我关系很好的一些朋友带来了麻烦，因为他们不再接受我了。所以我就进入了失败者的行列，也就是跟坏孩子为伍，因为他们能够接受我。但让我欣慰的是，我最终重整旗鼓，因为我后来意识到，再这样我就要锒铛入狱了。他还提到了自己在商店偷东西的经历。幸运的是，布莱特有一对非常有耐心的父母，能帮助鼓励他从学习上、社交上迎头赶上。他们没有放弃孩子，也绝不会放弃孩子。

■ 达瑞尔的故事

达瑞尔今年11岁，也接受过我的辅导。当时，他是社区联赛篮球队的队员，最让达瑞尔痛苦的问题是，他很难将注意力放在球上。实际上，他特别喜欢找哪里没有球。可以说，达瑞尔在球场上并不如意，而且这样的经历还影响到了他和球队其他同龄人之间的关系。结果，达瑞尔的自尊深深地受了挫伤，这也破坏了他在其他队友眼中的形象。达瑞尔十分痛苦，因为其他人会觉得11岁的孩子都是一无是处。

尽管达瑞尔还坚持打篮球，但是在一年之后他被诊断患有杜列特氏综合征（神经障碍），特点是伴有神经抽搐（我会在“第八天”的内容当中进一步介绍有关杜列特氏综合征的内容）。随后我又问了一些关于他的同龄关系的问题，但这个孩子却眼泪汪汪地跟我说：“我的队友不是什么好人，我恨透他们了。”

在我辅导孩子的过程中，得到了达瑞尔父亲的大力支持，他是达瑞尔的主要监护人，而且孩子的情况也一天比一天好。达瑞尔也将自己的注意力从体育运动上转到了童子军活动上，这项活动似乎更适合他。而且我的经验也表明，类似于童子军这样的组织更能满足儿童的特殊需求，尤其适合难以专注的孩子。达瑞尔在态度上和思维上的转变，让自己的情况一天天好转。

■ 切尔西的故事

注意力不集中的女孩同男孩子一样，生活也很困难。切尔西今年14岁，上高一的时候，她深深地受到社交忧虑的困扰。这种问题经常让她分心，在社交方面处于严重的劣势。每次中午吃饭，和其她女生坐在一桌的时候，她都不知道该说些什么，这让她更忧虑了。

切尔西告诉过我一个非常让人难过的故事。她和几个小伙伴在学校食堂吃饭，当时她对自己的交际能力并不是很自信，但是有一个小伙伴埃里森觉得切尔西这个姑娘很值得交往，所以对她很好。但过了几天，有一次埃里森起身去倒水，这时候埃里森的一个朋友德西蕾略带嘲讽地跟切尔西说："那女生对你这么好的唯一原因，就是她觉得你可怜。"

切尔西被这次痛苦的经历击垮了。开始不吃午饭，或是直接走开，或是跑到图书馆。因为这次经历，最终导致副校长记了她违反学校纪律。

但是事情随后却有了转机，因为当时切尔西的父母、她的指导老师和我共同研究，改善切尔西的社交问题。这个小姑娘也因为有了支持和鼓励，恢复得很快。她很勇敢，加入了一个教会社交团体。重拾自信以后，她的高一过得很顺利。尽管她仍然不能十分从容地和餐桌上的其他姑娘打交道，但已经有了很大的进步，同学关系总体上有了改善。切尔西同时也懂得了，对待其他小伙伴的玩笑、恶作剧和嘲讽自己不能太认真。

■ 奥斯汀的故事

我还辅导过一个13岁的孩子奥斯汀。因为他的父母决定离婚，奥斯汀开始感到忧虑，对于父母感情不和非常困惑。这些压力使他难以集中注意力，开始和其他伙伴疏远了。在随后的几个月当中，因为接受了辅导，奥斯汀开始接受父母离婚的现状，也能够重新和小伙伴打成一片。

这些故事都是社交场合一些非常常见的磕磕绊绊。孩子的注意力问题虽然有轻有重，但是他们都面临着这些困难。只要你发现孩子和其他小伙伴之间存在着问题或者冲突，那么最好马上开始干预，帮助支持孩子。但是，请家长们记住亡羊补牢为时不晚，无论孩子上几年级，都应该给予支持。要想在当今世界能够生活得顺利幸福，那么孩子就要学会如何与他人沟通。

伙伴关系问题的表现

下表列举了很多典型的特征，都是和难以专注的孩子所遇到的同龄问题相关的。请仔细阅读，对照自己的孩子有哪些问题。

____ 对孩子大吼大叫

____ 孩子总是抱怨没有朋友

____ 同学或者邻居家办生日聚会或社交活动，从来不邀请孩子

____ 孩子比较孤僻，总喜欢独处（但又希望和伙伴相处）

____ 孩子不擅长参加体育活动或者社区团体活动

____ 孩子很难在看电影或者参加活动时保持安静

____（老师反映）孩子不善于和其他同班同学以及邻居家的小伙伴打交道

____ 孩子反感或者不听家长的建议（一般孩子 9岁到10岁左右就开始感觉独立了）

____ 孩子几乎没有朋友

____ 孩子对其他小伙伴并不友好

____ 从没有人给孩子打电话

____ 孩子开始穿着和年龄不符的奇装异服

____ 孩子的业余活动和其他同学不同

伙伴关系问题的深层原因

难以专注的孩子容易有伙伴关系问题，针对这一现象的解释各不相

同。其中，研究表明，最明显最简单的原因就是，难以专注的孩子在理解社交暗示及回应方式上存在困难，因为注意力太过分散。这种情况或多或少也会发生在普通人身上，但却会在难以专注的孩子身上反复发生。这些孩子还可能长期无法领会家长和其他孩子认为理所当然的社交行为，因为他们根本无法集中注意力。

大多数孩子的社交技能是耳濡目染——通过观察其他人日常交际获得的。但难以专注的孩子脑中经常有多种思维交织在一起，注意力问题干扰了社交技能模式的学习和应用。因此，这些孩子“观察理解”其他孩子的能力十分有限，会让人觉得他们情商不高。

■ 情商和专注力

研究发现，这类孩子往往情商不高，基本上就是情感不成熟。心理学家丹尼尔·戈尔曼（Daniel Goleman）推广了情商这一概念，指出情商包含人理解、应用、规范、管理情绪的能力，是人生成功和幸福的重要决定因素之一。

情商似乎是一项关键指标，能够预示儿童建立适当的同辈关系、平衡人身观、挖掘学术潜力的能力。这个概念包含了以下五方面的特点和能力：

1. **自我知觉**：了解你的情绪变化，自己有意识并且能区分不同的情绪。

2. **管理情绪**：让情绪与当前情景相适应，并进行适当的反馈。

3. **自我激励**：尽管可能会自我怀疑，有惰性或者是爱冲动，但能够，“收拾好”心情，指引自己完成目标。

4. **同情能力**：能够分辨其他人的感受，并且注意到其他人的语言以及非语言的信号。

5. 处理人际关系：能够处理人际互动，解决冲突，达成协议。

也许你难以专注的孩子的情商会低于一般水平，这就能够解释为什么这些孩子与其他孩子相处有困难。尽量不要让这样的困难打消孩子和家长的积极性。你需要明白，即使你发现孩子故意不和伙伴接触（比如，他们自我意识更强，而且还试图控制冲动的行为），但也许实际上是因为他们正是做起这些事儿来有困难。尽量多帮助孩子去学习如何改善自己情绪不成熟问题，克服情绪上的弱点，这样孩子才会建立更健康的友谊，并不断巩固友谊。

■ 不注意社交信号会影响与他人的关系

正如我前文说的，因为孩子们对于很多事情应接不暇，所以让他们恰当地理解其他孩子的行为是有困难的。这就让他们感到比较孤独，受到排斥，最后彻底断绝关系。在我的实践当中，在研修班和言讨会上，我曾经先后与1000多位难以专注的孩子以及他们的家长进行过沟通，根据我的观察，我还总结了另外一些想法，相信能够帮助我改善这些孩子与他人的糟糕关系。

消极想法在夫妻间会造成我所说的3D效应，也就是心烦意乱（Distraction）、疏远（Distance）、关系破裂（Disconnect）。这种3D效应同时也会影响到难以专注的孩子与其他孩子的关系。具体来讲，他们注意力不集中，会导致错误理解其他同伴的话语和行为，并且也不能进行正确的回应。这种误解将会让这些孩子形成消极想法，正如“第四天”、“第五天”内容当中所说，难以专注的孩子倾向于消极地看待学校和家庭作业，并加以夸大。尽管在某种程度上，所有孩子对其他同伴都会有或多或少的消极想法，但是，经我观察，很多难以专注的孩子经常认为他们的同伴一无是处，满身都是坏毛病（比如，“我恨他”），这在建立友谊和巩固友谊上是非常大的问题。

尽管所有的孩子都在不断学习如何交朋友、如何巩固友谊，有的时候还会产生一些消极想法，但是，难以专注的孩子的消极想法，尤其是针对其他同学的消极想法，经常会将这些孩子置于劣势。难以专注的孩子由于注意力的缺陷，脾气比较差，而且缺乏能力和耐心，很难面对交友时的种种磕磕绊绊。所以如果一个难以专注的孩子对朋友很失望，觉得对方没有认真倾听自己的话，被忽视了，或者是被嘲笑了，他很容易就会不断回想这个事情，并将它的负面影响夸大。这样的消极想法包括：

“他总爱多管闲事。”

“他特别自私。”

“他太蠢了。”

“他总给我惹麻烦。”

“没人在乎我的想法。”

这是一个恶性循环，结果往往事与愿违。如果难以专注的孩子满脑子都是这样的消极想法，就会进一步加重他的注意力问题，这会让孩子更加困惑，让他们不能正常地感知与同伴交流当中的细节。现在我们来仔细研究一下，前面提到的3D效应中的3D都是怎么回事。

■ 心烦意乱

孩子需要一定的注意力去思考之后才能开口讲话。注意力也是孩子控制自己情绪的必要条件。

10岁的乔迪就是一个难以专注的孩子，特别情绪化。她就像一列停不下来的火车，总是有用不完的精力，经常突然出现在同学的面前，但其他伙伴却很难接受她。乔迪在与同学相处的时候还会想什么说什么，有的时候情况确实很尴尬。乔迪的言语让其他同样未经世事的孩子觉得非常奇怪，在这种情况下，乔迪就会和其他难以专注的孩子一样大发脾气，产生很多消极的想法，说服自己“痛恨”朋友。

如果你的孩子在与同伴的冲突中也符合以下描述，那么也许她也是因为产生了消极想法，而导致难以专注：

____ 孩子最后争执的并不是最初的矛盾问题。

____ 孩子无法准确地回忆起争执的起因。

____ 他会无缘无故地否定其他孩子。（比如，“他是个浑蛋。”）

____ 他总是觉得自己受了委屈，而且没有注意到自己在冲突当中的位置。

____ 孩子经常会说些让自己后悔的话。

____ 孩子会使用诸如，“你总是”“从不”“应该”等词语。

____ 他会夸大问题，或者指责其他孩子夸大问题。

____ 争执当中孩子经常会有一些不当的行为，比如叫喊、责备、辱骂等。

____ 孩子脾气暴躁，对同伴没有耐心。

____ 孩子无法用简单的方式讨论解决问题，讨论总是演变为争执。

这些与同伴交往的方式存在着问题，并且很难调整。

9岁的蒂米在操场上玩的时候，总是会错误理解其他孩子的各种行为信号，并且对所有人大喊大叫。因此，蒂米错误地认为，别人总是嘲笑他。

一个跟他非常要好的朋友开始并没有排斥蒂米，但是，久而久之连这个朋友也放弃他了。我之所以辅导蒂米，是因为他根本不能理解为什么这位朋友和其他孩子一样，不愿意跟他一起玩儿。他认为全天24小时都有人嘲笑他，而我的首要任务就是耐心地反驳蒂米的观点。通过角色扮演，并接受我和校园社交能力小组的培训，蒂米理解了，是他自己无形中破坏了和别人的友谊。他也明白了，要将他的挫败感倾诉给我、他的家人、他的辅导员以及老师，而不是直接在操场上向小伙伴们发泄。

与同龄的孩子相处是非常复杂的，需要很多的能力。孩子需要支持来培养这种能力，正确地观察其他人的行为。孩子还需要指导，了解如何更好地与不同类型的孩子交往，学会容忍挫败感，懂得取舍和分享。

我还辅导过另外一个孩子，也有社交上的问题。

泰德今年15岁，脾气很不好，总是认为他朋友偷他的钱。他的这种情况很典型，他发现自己控制焦虑和反应的能力比较差，也就破坏了他和其他同伴的关系。最好的朋友都不理他了，他被疏远了。走投无路之下，泰德来到了我的办公室，和我抱怨说他所有的朋友都是浑蛋，都是蠢货。因为不能很好地面对这样的曲解和负面想法，泰德被这些想法弄得心烦意乱，失去了享受友谊的能力。

以上的案例中，无论是乔迪还是泰德，都受困于他们自己的这些负面想法，这种不正确的认识带来了不当的情绪化的反应。在我和这些孩子单独相处的过程中，我试图带他们走出这种逆反心态的。期间他们总是对我说，“我什么都做不对”，“谁都不喜欢我”。如果难以专注的孩子将自己和同伴相互的认识混在一起，而且感到非常受挫，那么就更容易与其他同伴疏远。

■ 疏远

如果难以专注的孩子开始感觉无法与其他孩子正常相处，他们就会隔离自己。我们大多数人都知道在社交中受到排挤疏远是什么滋味，这是非常痛苦的。自然而然，我们都希望去避免进一步的疏离和痛苦。所以，就不难理解，难以专注的孩子会将和同伴接触与痛苦联系在一起。在这种情况下，他们就会开始疏远，或者躲避其他人。尽管距离感能够让孩子感到更安全，但是也会将其置于社交方面的不利地位，因为他们失去了很多与人积极沟通交往的机会。

让我们来简单回顾一下我在“第五天”内容当中阐述的趋避模型。趋避模型指的是孩子在做某些事情时，积极和消极想法的矛盾。从和同伴交往的角度来讲，如果孩子开始感觉受到排斥，那么他就会认为与同伴交往（趋）的喜悦更小，而不愉快的经历（避）更严重。也就是说，在很多难以专注的孩子看来，避免交往要比交往更容易（更安全）。

但是很遗憾，难以专注的孩子如果将自己和他人疏远了，也会被人所忽视。因为其他孩子也会愿意避免处理关系上的困难问题。

肯尼12岁就开始将自己与他人疏远了。他的方式是玩电子游戏，越玩越沉迷，造成了他很难面对面与朋友沟通。肯尼的父亲督促他走出家门，放学去和其他孩子打橄榄球。但是，父亲越是催他，肯尼就越是沉迷游戏。我曾单独辅导过这对父子，之后又进行了第二期辅导。其间，肯尼的父亲对儿子的期待变得越来越现实，而肯尼也发现自己交到了更多的朋友。比如，肯尼发现相比疯狂的橄榄球，自己更擅长打篮球。

■ 关系破裂

如果与其他人太过疏离，那么孩子就会很容易彻底与其他人断绝交往。

布里安娜今年14岁，情绪上受过很多打击。一次次的社交失败让她非常沮丧。因为被诊断患有与书写相关的学习障碍和注意力缺陷过动障碍，她的学习成绩也不好。布里安娜和父母一起来参加了第一期辅导。当时她的眼睛始终注视着地面，全身黑衣、黑眼线、黑指甲，似乎被什么困在了黑暗当中。

随着我们一点点的熟悉，她开始逐渐放松。她和我讨论了一些与朋友交往时的一些问题，而我并没有根据她的叙述而妄加判断，这让她感觉轻松了不少。他父母全然不知，她实际上在接受辅导之前不久已经开始吸食大麻。但幸运的是，开始辅导后她就戒掉了。她的同伴交往问题并没有突然好转，但确实在逐渐改善。

请记住，所有的儿童在交往上都有困难，而难以专注的孩子会觉得社交更加艰难。因为，他们的能力有限，不能准确地在交往中给予他人回应。他人的误解、较低的情商、对其他孩子的负面想法都不应该成为社交障碍的原因，而且，难以专注的孩子也不会因为有此障碍就一败涂地。实际上这些问题，都能够事后弥补甚至克服，我非常高兴能够和大家分享方法。

家长应该扮演的角色

如果孩子精力不容易集中，那么家长身上的担子就会很重。首先，要在孩子面前保持冷静、不发脾气；其次，要尽力保持（或建立）家庭生活的和谐；同时，还要帮助孩子解决学校的一些问题，完成家庭作业。

在此基础上，如果再要求各位家长指导孩子的社交生活，并制定出相关策略，也许你的第一反应是想把这本书扔进壁炉里。但是在那样做之前，我们应该考虑到：除非你的孩子用新的方式与人交往并表达自己，不然他们将永远陷于受同龄人排挤的恶性循环之中。本章介绍的一些理念和策略将会极大地帮助孩子们提升自己的社交能力。

在整个十天训练法中，特别是在“第二天”的章节中我曾强调过，理解分心的孩子是非常重要的。真正了解孩子对于孩子自尊心的建立是非常有帮助的。当你帮助孩子解决与同龄人交往问题的时候，一定要让你的孩子对自己有信心，这至关重要。如果孩子喜欢自己，那么与他人交往时，就会更有安全感，就不会以哗众取宠的方式来引得他人注意。

■ 建立起孩子的自尊心

在十天训练法里，我经常提到的一个观点是：难以专注的孩子更容易觉得自己麻烦不断、身处困境，而且没有人喜欢自己，甚至自己的父母也不例外。所以，家长们应该让孩子们知道，你不仅爱他们、喜欢他们，而且也一直都理解他们。这样一来，你的孩子就更容易向别人展现出自己积极的品质。

■ 无条件地爱你的孩子

全面接受你的孩子，不论优点还是缺点，这样才能让孩子们知道，你的爱是无条件的。我之前也提及过，没有任何孩子或成人跟我抱怨过自己太受重视、太受溺爱。尽管孩子由于容易分心让你对其所作所为感到失望，但是你还是应该让他们明白，你从来没有对孩子本人失望过。总之，不要让孩子误以为你的消极反应是针对他们自身的。

我之前的辅导对象里，有一个叫拉塞尔的初中生，他一直错误地认为他的父母觉得他是个“失败的窝囊废”，因为他没有通过当年的西班牙语考试。经过一阶段的心理辅导，拉塞尔终于意识到，尽管自己西语不及格令父母很担心，但是父母爱他、尊重他的心情并没有改变。

■ 鼓励孩子获取成功

难以专注的儿童无论在家、学校还是在与同龄人交往的过程中，通常都有一种挫败感。这样一来，他们的很多能力和天赋就无法展现或是不受重视。

所以，家长应该做的就是：向孩子展现出你接受孩子的一切，优点也好，缺点也罢，于是孩子才会接受自己。同时，还要努力去发掘孩子在各个方面的兴趣与特长，如学习方面、体育方面、艺术和音乐等方面。我之前辅导过的一个11岁的女孩，她曾遭遇在校社交困难的问题，但是她在交响乐方面很有天分。她的母亲非常睿智地利用了这一点，在家里组织了几次交响乐聚会，于是女孩通过这个机会交到了很多新的朋友。

■ 提供情感支持

家长应当持续坚定地告诉孩子，他们不会失去你的理解和支持，以此增加他们的安全感。就像我再三强调过的那样，你的理解是给孩子们最珍贵的礼物。这会鼓励孩子追求新的机遇，进行新的尝试，以此更好地提升自身。

家长不应该把孩子逼得太紧，但是另一方面，你可以适当地提供新的机会，鼓励孩子们积极探索他们自己感兴趣的新领域、新活动。很多孩子都曾对我说过，他们很感激父母能够以开明的态度理解他们的需求。举个身边的例子，有个叫亚伦的男孩，他的父亲是一名已退役的职业运动员。他父亲的成功之处就在于，他支持亚伦参加自己感兴趣的戏剧活动，并因此而骄傲不已。亚伦在艺术方面的才华把父亲带入到一个全新的世界，而这个世界并不是父亲熟知的体育界。亚伦的父亲为人称道之处在于，他明白不应该把自己固有的观念强加在孩子身上，认为孩子应该按自己的设定去发展，这是不明智的想法。要知道，你感兴趣的事情，在孩子看来不一定那么吸引人。

■ 注意说话的方式

语言的力量是强大的。这一点，作为成年人的我们或多或少可以从自己父母的话语里得到验证。所以，使用关切的语言更有助于建立起孩子的自尊心。

孩子们愿意听到那些能够建立自信的短语，比如，“谢谢帮忙”或“这主意真棒”。我自己有三个孩子，通过我本人的经验，我发现经常使用这些简单常用的礼貌用语可以催生真正的合作意识，也可以促使大家更加尊重彼此。同时，家长还须注意自己的言行，不要使用伤害孩子自尊心的负面措辞，像“我都告诉过你多少遍……”或“你怎么能做这么蠢的事”等这类体现家长失望情绪的语句都不要使用。它们不利于孩子自尊心的建立，相反，还会在孩子的自我认知方面打下不可磨灭的消极烙印。

■ 积极探索提高专注力的方式

帮助孩子探索他们感兴趣的事物，进而提高集中度、创造性并且能够做到寓乐其中。如果孩子们对身边的世界探索的比较多，他们就不会因为自己容易分心而感到那么沮丧与困惑。家长可以为他们提供不同方向、探索兴趣，比如可以进行体育活动，释放孩子们无尽的精力。或者去溜冰场、游乐场，还可以去阅览室、图书馆和书店。此外，还可以通过一些新的小组活动，如纸牌游戏、桌面游戏、网球和高尔夫，使孩子们在等待回合的过程中提高自身的专注力。

同时，还可以参加其他适龄活动，例如练习空手道或是参加舞蹈课，以此来强调纪律和集中注意力的重要性。尽管很多儿童都不愿意阅读学校规定的阅读材料，但还是有很多孩子愿意读一些有趣的内容。不论你的孩子对什么感兴趣，你都应该跟孩子交流并参与其中，关注他们的所做、所读、所想。

■ 制定切合实际的目标与期待

如果家长不断要求难以专注的孩子去达成他们能力以外的目标，孩子们将会不断产生失望的情绪，而且也会默认父母对自己很失望。最糟的是，孩子们将最终把自己看成一种失败的象征。所以，对于父母来说，应该把对孩子的预期控制在合理的范围之内，这将有利于培养孩子们制定切合实际的目标的能力。一旦孩子制定出合理目标并得以实现，他们就会开始相信自己，自我价值感也会相应增强。

里奥16岁，曾经接受过我的心理辅导。他非常崇拜自己的父母，但是觉得自己在父母的眼中却不够优秀。他的父亲是一位非常出色的建筑师，母亲也是一家大型机构的领头人。在学校，里奥为了跟上班级同学的进度，付出了很大的努力。尽管如此，结果还是不尽人意。一般情况下，里奥只能拿到C，很少得到B。里奥的父亲很难接受这样的成绩，母亲倒是显得善解人意一些，但是仍然觉得儿子成绩低给自己带来很大的压力。

后来，里奥去了一家餐馆打工，他忽然发现自己很喜欢给主厨打下手。而主厨也觉得里奥很不错，把他当做自己的新学徒来培养。里奥在发现自己的兴趣所在之后，改变了高中升学计划，转而开始为当厨师做准备。里奥的父亲很长时间才接受了“我儿子不可能成为医生或律师”这个事实。但是，最终他的父母还是慢慢接受了他的选择，里奥的自尊心也开始逐渐增强。

■ 做一个积极的榜样

要让孩子明白，家长也会犯错误，但却可以从错误中吸取教训；同时，也要让孩子知道你对自己是有信心的。在你“为所应为”的单子上面，第一项就应该是：向孩子展示怎样才能做到为所应为。家长们可以多跟孩子展示一些基本判断和道德价值观（尊重，仁慈，分享）。

之前咨询过我的一个少年就曾跟我表示，自己的母亲把镜子退回百货公司的时候，大方地承认镜子是她自己不小心打碎的，这一点令他印象深刻。有意思的是，这个男孩的朋友的母亲曾在几个月之前也向百货公司退过货，并且谎称东西不是她损坏的。所以，家长应该找寻合适的时机向孩子们展示如何正确行事，以及当问题出现的时候，如何积极解决问题。

■ 积极参与，让孩子觉得自己很重要

家长应该让孩子知道，自己很关心他们的表现。每天都应该跟孩子谈一谈这一天的活动、发生的趣事和学业，这对于孩子们建立起自尊心是一种极大的推动。一定要尽量参加孩子的运动赛事、家长会、音乐会和颁奖仪式。用事实行动体现你对孩子的支持并尊重他们的选择。即便是他们刚刚跟你发牢骚、翻白眼，或是朝你挥手，他们不搭理你，这些都没有关系，因为他们十分在意你出席这些重要的活动。

我记得这样一个案例：有一个父亲非常努力配合孩子参加各种活动。虽然他的女儿不太好意思亲口对父亲说，但是这个10岁的小姑娘还是和我表示，父亲出席了自己的体操运动会，对她来说非常重要。在我的记忆里，没有成年人跟我抱怨过，在他们成长的过程中，父母过分关心或参与自己的生活。

帮助孩子与同伴相处的22种方法

下面我将介绍22种简单易行的策略帮助孩子们解决与同龄人的交往问题。这些小贴士来自实战经验，是我从过往20年与分心儿童和其家长的咨询工作之中总结出来的，这些方法将会产生立竿见影的效果。家长不应该力主改变自己的孩子，而是应该尊重支持他们的选择，这样你就能很快地发现孩子身上的变化。

1. 示范并鼓励倾听

成功的社交很大一部分归功于倾听，它是一种无价的社交技巧，在孩子与同龄人交往的过程中至关重要。我之前认识一个叫贝基的女孩，15岁的她亲身体验了倾听的力量。我听她讲述了青春期女孩之间勾心斗角、行为恶劣导致很多人成为受害者的故事之后，教给她一个很简单的方法：那就是走上前去，尽可能少说多听。倾听帮助她交到更为亲密可靠的朋友，贝基被倾听所产生的强大力量所震撼，同时，她也因此错开了典型青春期女孩容易形成的那种变化莫测的小团体。所以，家长应该让孩子认识到倾听的力量，看到它带来的益处：结交更多的朋友，更了解身边的世界。

2. 教孩子识别不利于倾听的因素

下列因素是不利于成为好的倾听者的一些错误做法，也是难以专注的孩子在日常生活中比较容易犯的主要交际错误。家长们应该简单浏览，并用对话的形式告知孩子们，让他们注意这些问题。

● **打断他人** 要向孩子们解释，打断他人谈话会让谈话者感觉被冷落而心生不满，因为自己没有得到好的倾听。

● **主导谈话** 告知孩子，喋喋不休地谈论自己是一件多么令人生厌的事情，提醒孩子们在对话时要多问对方问题。一位有想法的家长想到了用秒表计时的方式来培养孩子减少语量，这堂生动的课让孩子明白了什么叫“过犹不及，少即是美”。

● **说话声音过大或大喊大叫** 跟孩子阐明说话声音过大会让谈话对方感觉不舒适。有一位家长曾经制作了一个带音量刻度的纸盘子，以此来提醒孩子“练习减小音量”。这位家长非常巧妙地让孩子同意使用这个方法。

● **满腹消极评价或贬低之语** 家长应该让孩子们明白，如果不能对朋友讲述正面的内容，还不如什么都不说。强调赞美他人的重要性。中学里，同学之间的互相嘲笑司空见惯，而分心的孩子很难理解什么是“适可而止”。家长们应该从容、淡定地把这一点传达给孩子。

● **不遂意就生气** 如果发生了让自己失望的事情，要教会孩子情绪缓冲并深呼吸。让他们用适当的语言疏导情绪，而不是付诸于肢体宣泄或是逃避。提醒孩子们，要倾听并接受对方的想法。最重要的是要告诉他们，自己才是自己情绪的主导。在“第八天”，我讨论了一些认知治疗技术，以此帮助孩子们更好地了解这一点。

3. 强调尊重的重要性

尊重他人是非常贵重的品格，作为家长要以身作则。孩子学会尊重他人的一种途径就是观察自己的父母。孩子们倾向于观察自己的父母如何处理与他人的分歧，如何与他人交流，会不会背后说人坏话，会不会因为自己的问题而不公平地责备他人。

要谨记，孩子总是会模仿身边的人。即使孩子的同龄人在尊重他人这一点上表现得不尽如人意，但是永远不要轻视家长的示范作用，你的言行举止与价值观将会直接深达孩子的内心。我听过很多成年人回忆他们的童年，可以得出这样的结论：家长的价值观将会长期影响孩子的心理。

4. 加强责任感

孩子们，特别是难以专注的儿童，应该学会为自己的言行负责。如果孩子发现了自身有不当的言行，家长应该提出表扬。如果他们没有这方面的自觉，家长可以问孩子一些指导性的问题，提示他们发现自己的不当之处。例如，你可以问："你对足球赛很失望，你就跟朋友大喊大叫，这样发泄你自己的沮丧情绪是正确的吗？"

如果刚开始孩子对你的帮助比较抗拒，也不用过于纠结，只需跟他们解释，在友情之中，使用某些策略是不太可能会得到好的结果的。让孩子明白，经营友情不是一件容易的事。你的劝解要带有人情味儿，最好是把自己过去的一些交友经历讲给孩子听，成功的也好，失败的也好，最重要的是教会孩子要勇于承认自己的错误，并且要从错误之中吸取教训。举一些知名的第三方的例子也是一种有效途径，比如，运动员、音乐家、政治家或是邻居，把他们勇于承担责任，致力于提升自身的例子讲给孩子听。

5. 示范如何道歉

通常情况下，分心儿童总是会一遍又一遍犯相同的错误，因为他们在学习上有困难，自我保护意识强，并且拒绝道歉。要让孩子明白，不用非要做到完美，该道歉的时候就应该道歉。刚开始，可以鼓励孩子在合适的时候勇敢地道歉。如果有进步，家长要对孩子提出表扬，并且告诉他们如何做得更好。

6. 宁缺毋滥

难以专注的儿童在交往中要坚持以少为佳的原则。因为他们缺乏社交技巧，不会太在意对方的反应。所以，分心儿童应该一次结交少一些的朋友，才能保证社交的成功率。对于他们来说，有时候，与一两个朋友的社交活动是最成功的。

我曾辅导过一个10岁的男孩，他在与同龄人进行长时间交往的过程中面临着社交困难问题。他的父母把儿子的社交活动逐渐改成了午后小聚，而不是经常的去朋友家过夜。所以，家长们在自己的孩子身上也可以采用这种渐进的模式。一旦孩子的社交情况有所好转，就逐步增加交友数量并延长社交时间，稳扎稳打，帮助孩子再接再厉。

7. 角色扮演和/或讨论困境

小于10岁的孩子更适合角色扮演，而对于大一点的孩子，公开讨论的效果更好一些。

亟待解决的一个重大问题就是，你的孩子受到他人拒绝时该怎么办。诚然，每个人都无法避免这样的事。然而，分心儿童可能会受到更多拒绝。所以，家长应该指导孩子了解社交场合上可能会遇见的难题，并帮助孩子想出合理的解决方式。例如，如果其他孩子都在一起玩游戏，而你的孩子被冷落在一旁，你可以帮助孩子练习用低姿态跟大家说："可以加我一个吗？"即使角色扮演可能会带来不舒适的感觉，但是它可以帮助孩子在真正的社交场合中更有自信。此外，跟孩子谈谈如何处理积极和消极的结果。培养孩子应对被拒绝的场面确实不容易，但是学会应对不尽人意的结果实际上是一项非常重要的社交技能。

值得注意的是，有一种普遍观点认为，当出现问题之后应该尽快解决，或角色扮演或是公开讨论，也就是人们常说的趁热打铁。但是我认为应该小心谨慎，行事从缓。因为问题刚出现的时候，你的孩子可能蓄积了较多负面情绪。所以，家长应该耐心等待孩子冷静下来，恢复理智之后再采取相应措施，听孩子把事情原原本本地讲一遍，然后把整件事情打碎成更小的部分，最后再各个击破，这样才能做到成功最大化。当你试图帮助孩子解决社交问题的时候，心中要铭记以下几点：

尽量保持清醒、切合实际　了解事情发生的经过，知道问题出在什么地方。尽可能不要只站在自己孩子的立场，要考虑到其他的孩子和家长。不要互相指责，推卸责任，也不要因为出现社交问题就轻易指责任何人，包括你的孩子。

针对其他方式进行头脑风暴和角色扮演　这会帮助你的孩子在以后应对相似情况的时候变得更积极主动。练习说话办事的时候使用不同的语调和适当的肢体语言。在角色扮演时，可以出乎意料地给出一些其他孩子可能有的表现，看看自己的孩子是否可以应对自如。然后再讨论孩子的应对方式有哪些优缺点。例如，我之前辅导过的一个男孩，13岁，长得挺结实。他发现，如果用拳头吓唬对方，对方并不会因为害怕武力而停止对他的骚扰，反而会招致更多的孩子群起而攻之。他还发现，恐吓会让对方改变战略，对他进行消极攻击，在背后搞偷袭。这个孩子做得很对的地方在于，对于这些烦人的对手，他最终决定用更有效果的方式去应对。很简单，那就是淡定地对他们说“无所谓”。

坚持练习 一次的努力是不会带来长久的效果的。我鼓励每一个我辅导过的孩子要保持积极主动。这也就意味着，大家要多多交流社交上的成功与失败，那些对角色扮演不反感的孩子也一定要坚持练习。这就为分心儿童指定了一个具体的实践方向去集中练习，这样一来，在那些喜欢品头论足、操纵他人的同龄人面前，孩子们就不会觉得自己像一个受害者。

8. 加强与其他家长的交流，保持联系并获取信息

你越挂心孩子的社交圈，就会获取越多这方面的信息。对于你的孩子，其他孩子的家长或许会有很多有价值、有建设性的意见，但是他们或许不愿意主动提出来，因为害怕你会不高兴。不幸的是，我目睹了太多这种情况，很多家长自我保护意识过强，对于其他家长的好心反馈不予采信甚至是反应过激。

这往往导致家长之间的关系交恶，互不理睬（这可不是解决矛盾的正途）。为了更好地支持孩子，家长应该广开言路，体现更多的风度和尊重，这样才会有更多成年人支持你的孩子。要与其他的家长、体育教练以及其他相关的成年人保持交流，及时发现孩子的进步与潜在的问题。

9. 促使社交关系更为灵活

假如你与其他家长建立了良好的关系，那么可以借此得知其他孩子对你孩子的看法。如果你的孩子之前有一群朋友，但是现在不在一起“混”了，那么应该去问询是什么地方出了问题。要让事情简化，不要鼓励孩子说话做事走极端。多让孩子参加在同龄人里比较流行的活动，如保龄球、看电影、桌面游戏、滑冰等。参加这些活动可以增强孩子的自信、能力，变得镇静、沉着。

你应该监督孩子与同龄人的活动，至少要涉及最常见的活动。要多组织聚会，让孩子与你认为有积极影响的孩子相处。而有消极影响的孩子，应该尽量少让孩子与其接触。还应该与社交经验丰富的孩子多接触。让孩子明白与举止粗鲁和社交能力差的孩子在一起会产生不良影响。分心儿童倾向于结交有消极影响的朋友，所以要时刻关注孩子的社交圈子。如果家长表现得冷静、淡定且不采用高压政策，你就可以成功地引导孩子，防止他们交错朋友。

10. 注意其他成人的影响

关注老师、学校辅导员、课后活动领导、医疗人员及宗教领袖对你孩子的影响。谨慎地在事前通知他们，你孩子有社交方面的问题。如果可能，让他们帮助你的孩子改善人际关系。例如，我认识的一名童子军首领无意之中在全体成员面前开了一个孩子的玩笑，之后孩子们开始嘲笑这名儿童。我们要吸取的教训是，如果身为主管的成年人贬低一个孩子，那么其他的孩子也会开始贬低这个孩子，并且认为这么做是没问题的。

11. 不要过早满足

就像我之前提过的那样，要用健康的方式舒缓自己的情绪，这是一项非常重要的技巧，在这个瞬息万变、要求苛刻的时代更是如此。分心儿童，不考虑外界因素的影响，大多缺乏耐心。所以家长要尽力帮助孩子认识到，随着时间推移，逐渐收获果实的重要性。这会让你的孩子受益终身。向你的孩子解释为了某个任务或目标去工作去拼搏的意义，这会带给他们成就感。

12. 参加对孩子有益的社交活动

很多分心儿童对于日常生活的安排还是可以做得很好的，所以可以为他们报名他们感兴趣的其他课程或是项目，然后定期参加。找到孩子真心喜欢的活动并支持他们为之付出努力。要谨记，难以专注的儿童在少数群体里表现得更好，但不适合参加大型活动。例如，每周三下午开班，8人规模的艺术课要比每周二两次训练、周末不定期举行比赛的20人足球队更适合患有多动的儿童。

13. 参加专门的社交技巧小组

有句老话叫“物以类聚，人以群分”。我看到很多由于难以专注而出现类似问题的孩子在设施齐全的小组里学会了很重要的社交技巧。这些小组经验可以给你的孩子提供一个现成的平台，帮助孩子们练习与其他孩子交往。近些年，我看到越来越多的社区都提供社交技巧小组的服务，它们可以帮助你的孩子学会如何应对不同的社交场合。一些学校也为小学和初中的学生开设社交技巧课程。你可以联合辅导员、校长或是家长教师联谊会，支持这样的课后项目。

总而言之，社交技巧小组为孩子提供了一个安全的环境，帮助孩子练习新的社交行为并且能够从对方那里及时得到反馈，进一步确定自己的练习成果是否成功。如果你的孩子抵触或是不听取你的建议，那么这些小组的作用就更加凸显了，这种抵触行为在9~10岁以及更大的孩子里比较常见，因为他们觉得自己长大了，应该独立。

社交技巧小组的目的是通过不断重复练习，帮助孩子发展一系列的社交行为和语言技巧。就在我写本章的时候，我辅导的一个11岁男孩的母亲给我看了一封表扬信，是孩子最近参加的社交技巧小组的辅导员写的。这个孩子在小组活动里的表现非常好！他在情景对话中学会了给他人说话的机会。比起成年人，他更原意跟小伙伴交流，跟他们分享自己失败的经历，并且听从对方的建议。

很多孩子在参加这类项目的同时也来我这里做辅导，他们希望可以复习并进一步练习刚学会的社交技巧。当孩子们在现实生活中应用这些技巧时，可能会成功，也可能会失败，我会给他们提供相应的指导。

14. 注意孩子的个人卫生

孩子一定要注意每天保持个人卫生。也许听起来很不可思议，但是确实有很多家长纠结于孩子不爱洗澡刷牙的问题上。坚持总是会得到回报的，搞好个人卫生对于所有的孩子都至关重要。不讲卫生的孩子容易得到同龄人的消极反馈，即使他们学习了社交技巧也是徒劳无功。

15. 在社交聚会中，帮助孩子预测将会发生的事情，并提供应对策略

为了应对复杂的社交场合，家长应该帮助孩子提前做好准备。无论是孩子要参加朋友的生日聚会还是要出席亲戚的婚礼，家长都应该提前告知孩子们谁会到场，会发生什么事情。跟孩子重申基本的社交礼仪。例如，你可以告诉孩子：参加小组活动，让办聚会的小朋友自己动手拆礼物，轮到你的时候再做等。

和孩子谈谈他们在活动中可能会喜欢或者害怕的东西。如果你的态度比较积极，孩子会很愿意参加活动，这一点对于分心儿童来说尤为重要，因为他们在过分刺激或是新的环境下会感到焦虑不安，从而导致出现举止行为不当的问题。

16. 释放提醒信号

如果你看到孩子在与人互动的过程中行为不当，可以给孩子一个信号，让他们纠正自己不当的言行。比如一个不显眼的手势，眨眼示意，点一下头都是可以的。我辅导的10岁女孩贝基的妈妈蕾切尔通常用打哈欠的方式提醒贝基放慢速度，不要表现得太强势，这一招非常有效。

17. 表扬孩子正确的社交行为

在前文之中我就提到过，我也将在“第七天”这一章再次强调，鼓励和表扬是非常有效的手段，可以帮助孩子做正确的决定并强化他们得体的举止。我发现，孩子们愿意听到在社交活动中他们做得好的地方。对于分心儿童，他们更是愿意听到表扬，因为他们多数听到的都是负面评价，批评他们犯了什么社交大忌。你越表扬孩子的社交进步，孩子们就更倾向于保持得体的举止，这将最终帮助孩子们成功地融入社会。

18. 允许孩子与比他们小一两岁的孩子玩儿

考虑到分心儿童在情商上大多低于其他儿童，所以他们在与比自己略小的孩子交往时会更舒服一些，这对于很多孩子来说都是积极的社交体验。我辅导的一个13岁男孩跟一个新搬来的11岁男孩成为了好朋友。在这个案例中，岁数大一点的男孩儿就充当了领导的角色（给年纪小的男孩介绍新出的电子游戏，并且在练习投棒球的时候为小男孩提供指导）。当然，家长也应该鼓励孩子与同样年纪的孩子交往。

19. 倾听孩子的意见

为什么孩子不喜欢跟某个朋友一起玩儿，他们未必能够跟你说明原因。有一位过分热心的父亲非要逼着9岁的儿子玩橄榄球，儿子则十分抗拒。后来这位父亲很快发现，逼着孩子去做他不喜欢的事情是自己的错。

另外，我建议不要强制孩子交朋友。如果孩子说不喜欢某人（如果孩子比较小），那就暂停互邀玩耍，或是（如果孩子大一些）暂时分开一段时间，除非孩子们一起玩的时候，家长能够近距离关注。如果你可以看着他们玩儿，那么一旦出现冲突，事后可以问问孩子当时的感受。

20. 向教职员工寻求帮助

家长应该告知老师和运动场管理员，你的孩子有社交困难，并且请他们帮助你，给你提供合理的建议。如果你有心理医生，或者是你的孩子参加了社交技巧小组，那么你就可以向心理专家们请教，应该告知校方哪些信息并提供哪些建议。加强与辅导员、老师和其他教育者的个人联系是非常有益的，至少从我多年心理辅导的经历来看，确实如此。这些人每天与孩子相处6小时，而且也可以提供给我很多宝贵的意见。

21. 加强在校的社交指导

如果孩子的老师愿意为孩子提供社交指导，那么家长应该积极配合，学校的辅导员也可以提供相关帮助。如果你的孩子识别不出社交线索，如肢体语言、声调、时机等等，那么老师和辅导员可以谨慎地提出具体而明确的建议，以此作为社交指导。举例说明，老师可以跟孩子说，“在你讲述自己的事情之前，要先得到朋友的允许”或是“他说话的时候你应该看着他，这样他会很感激的”。你可以跟老师强调，很多分心儿童被视为冷漠自私的人，但是实际上，他们只是不知道怎么做才是正确的而已。

22. 定时反馈孩子的不良习惯和行为

孩子越小越容易接受社交方面的指导。进了初中以后，接受建议的阻力就开始增大，除非你跟孩子的关系特别融洽。这也就再次凸显出了冷静、坚定、摒弃控制欲的重要性，只有这样才能绕过孩子的心理防守。

本着积极反馈的精神，如果你的孩子挖鼻子、挤粉刺，或是抓挠私处，你应该向他指出来，但是不要以侮辱的方式进行表达。如果你的孩子信任你，能接受正反两方面的反馈，那么在你提到一个比较敏感的话题时，他们就不会那么反感。要记住，提醒和唠叨的区别是很微妙的。要让孩子知道，如果他们能听进去你的反馈，你会很高兴。

第六天　总结

今天你了解了分心儿童面临的社交困难问题，并且也获知了解决方案。你孩子与同龄人的交往是非常重要的。记住下面列出的几点，继续帮助孩子建立健康的人际关系：

- 难以专注的儿童总是显得心不在焉，所以很难有效识别同龄人、老师和其他人给出的社交线索。
- 家长总是希望难以专注的儿童把精力集中到学业成绩上来，尽量少惹麻烦。但是帮助难以专注的儿童交朋友对于孩子的社交和全面的成功是至关重要的。
- 对于孩子的社交难题，你越是表现得善解人意，孩子就越愿意接受你的建议和鼓励。
- 有了家长的支持和指导，孩子们可以建立起持久的友谊，而在此过程中，他们会变得更喜欢自己。

DAY 7

第七天
鼓励积极行为

专注力问题不仅耗费孩子的精力，对你来说也是如此。你们都面临着众多挑战。但是现在如果你运用“10天计划”，并取得积极的成果，就会事半功倍了。

然而，在帮助你的孩子应对注意力分散的问题方面还是存在着众多挑战，所以说，取得积极变化至关重要。为了实现这一点，你和孩子都需要保持正能量，有动力去冲破新的障碍。今天，我要为你们前行的路提供一个强大的工具。这个工具就叫作鼓励积极行为。

鼓励积极行为意味着通过给予奖励的方式强化未来的行为。今天我会给你们展示鼓励积极行为的含义和如何运用鼓励积极行为引导你的孩子走向成功。你可以发现，鼓励积极行为包括使用奖励措施促使注意力不集中的孩子做出改变，并且坚持下去，这种变化往往是瞬间发生的。

所以，应该奖励这些孩子的积极行为，这是很重要的，也是必须的。注意力分散的孩子内心总是很挣扎，所以非常需要额外的激励使他们完成任务，坚持日程安排，或者是与他的同龄人接触。

今天，你将听到我对表扬和鼓励大加肯定。通过学习运用鼓励积极行为，你在帮助孩子取得进步方面就有了一把利器，作为父母，在承担自己的责任方面也会取得成果。

鼓励积极行为的力量

在应对孩子注意力分散问题时，更为有效的是发现并发展他们的能力和积极性行为，而不是过度关注他的缺点和问题。只有父母和孩子之间保持积极的关系，才能更好地提供动力来源。深知鼓励孩子好好表现的父母都会给孩子一定的激励（比如，一些特殊待遇和奖励），而那些过度严苛的父母可能会使他们给予孩子的一些积极鼓励最终付诸东流。

我希望你能审视一下自己，是一直采取表扬的方式还是批评的方式。我希望你现在能够诚实地面对自己。请思考以下这些问题：

- 你多久才肯定你的孩子做的事是对的？
- 你多久才记得在孩子主动努力时帮她一把？
- 你多久才在孩子把事情完成时让他知道你以他为荣？
- 你多久才在你孩子为目标努力，取得进步时表扬她？
- 你多久才在孩子遭遇挫折时给予鼓励和支持？

你的答案表明你是否在运用鼓励积极行为来帮助你的孩子。可惜的是，我看到众多家长在养育子女时忘记了一个原则：大多数的行为其实是由它的积极和消极结果控制的。所以如果你能把关注点放在鼓励孩子的积极行为，这样才能更容易引导积极的行为。如果你只关注于批评孩子的消极行为，你可能会使孩子产生更多的消极行为。道理就是这么简单。

积极成果需要长期努力

如果你觉得很难一直坚持寻找时机，为注意力分散的孩子提供对积极行为的鼓励，我能够理解。即使你运用书中的策略帮助你的孩子已经取得了巨大的进步，注意力分散的孩子还是会有冲动的行为和散漫的状态。比如，许多家长和我说，当他们要求自己的孩子做事的时候，他们不得不多问他们几次。这些家长很生气，他们说，"她就是装作自己没有作业，其实她根本就是忘了作业是什么""为什么她就是不肯把她扔在地板中间的鞋子捡起来呢"或者是"我叫她把牛奶收起来，可是她就拿我的话当耳旁风"。

我很理解，这样的情况真的很让人沮丧。但我还是希望你能注意这些沮丧的情绪可能会使你最终忘了你应该关注的方面。一旦你总是关注孩子注意力不集中的问题，就会忘了关注他做得好的方面。这样会有更多不耐心和沮丧的情绪出现，就更难解决问题和引导你的孩子做出更好的选择。很多时候，关注孩子的消极行为的最终结果是你会情绪失控，对孩子大喊大叫。你可能还记得，在"第三天"里，我提供了许多策略，帮助你避免对注意力分散的孩子反应过度。你可以再去看看前面的内容，加深一下印象。

在你继续将这些战略运用到"10天计划"中时，我希望你能够更加积极地看待你的孩子和他的行为。要多鼓励自己的孩子，也多奖励孩子的积极行为。

鼓励并非贿赂

许多家长担心，这种鼓励积极行为会摆布甚至贿赂这些注意力分散的孩子。我认为鼓励积极行为能够助就成功，而不是摆布或者贿赂自己的孩子。鼓励只有在运用不当时才会变成摆布和贿赂。如果你要用奖励的方式来阻止孩子不当的行为，比如说用来阻止她发脾气和抱怨，那你就做错了。不管你多么绝望（相信我，我们都经历过这种情况），永远不要用玩具、糖果或者一些特殊待遇来阻止不好的行为。这种方法一般会事与愿违，最终只会怂恿孩子继续这种不当的行为，之后你会看到这种危险教育方式的很多例子。

鼓励积极行为说的是要肯定孩子的积极行为。这一技巧成效更大。假设你的孩子主动请你帮她准备考试，这时你应该趁此机会表扬她这种负责任的行为，而不是非要指出她在学习中的问题。你的目标是要确定，你并没有运用奖励来停止错误的行为，而是要鼓励正确的行为。

我只想向你强调，运用鼓励积极行为来帮助注意力分散的孩子学习以及继续运用更多有效的技能是大有裨益的。可以运用在孩子生活的方方面面，其中包括学业、同龄人，还有家庭关系和谐等基本方面。

可惜的是，许多注意力分散的孩子跟我透露他们不愿意跟父母坦白他们学习和社交方面的问题，因为他们害怕被批评。因此，我希望你更多的是给孩子支持和加强积极关注，这样能够给孩子安全感，让他们愿意对你敞开心扉。在很多情况下，要通过认可孩子的努力来加强积极关注。很重要的是要记住对注意力分散的孩子来说，自己学习这些技能是存在问题的，她需要时间学习新的事物和提高自我认知。当你的孩子在任何新的技能上取得进步时，你才能帮助他继续努力下去。

积极和消极的鼓励

只有有效地使用鼓励才能进一步获得理想的效果。鼓励有两种：积极鼓励和消极鼓励。积极鼓励是要鼓励积极行为，所以，为了认可这些积极行为而给孩子买衣服，就算是一种鼓励积极行为。消极鼓励是为了摆脱痛苦或有压力的情况时给予奖励。告诉你的孩子，如果她按时写作业就不用去清理小狗的粪便了，这就属于消极鼓励。你应该能看出来，我并不支持消极鼓励。消极鼓励对于大多孩子来说只会起到惩罚性的作用。另外，如果没有促成想要的行为，消极鼓励只会使注意力分散的孩子压力更大，感到更羞愧，最严重的是感到没有动力。

批评和惩罚并无大用

最根本的是，惩罚一般不能帮助孩子做出重要的积极变化，相反，惩罚心态是使用羞耻心，控制和威胁的方式影响孩子，促使他们改变自己的行为。如果盲目古板地坚持这一方法来促使不听话的孩子改变行为，那很快会出现问题的。许多叛逆的孩子一般都会通过向父母隐瞒自己的过失来避免受到惩罚。如果你因为这些过失过度惩罚自己的孩子，只会让他们觉得非常内疚。这对于孩子来说可能会产生很多问题，比如自尊心受损，其实会使他们继续这种不当行为。

许多家长想要通过惩罚孩子的方式来激励他们做功课或者完成其他

事情。问题是惩罚的本质会削弱而不是强化激励的作用。我支持教育方式的责任和规范，但是你的孩子并不是自己能决定是否有注意力分散的问题，所以让他们为自己的缺点付出代价是不公平的。

不幸的是，我发现一些父母总是采取惩罚的方式，他们还非常渴望有预期的效果，但是这种惩罚方式并不会带来非常有效的结果。

请思考一下如下的叙述：

“接下来几个月我把她的电脑没收，才能把她治过来。她才能专心学习。”

“既然他总是不记得帮着做家务，也别想报名足球赛。”

“她从来都不听我的话，我也不会管她是怎么想的。”

“行，你既然没有动力做任何事情，那接下来四周都别想出门！”

人无完人。我们大多数人都使用过以上形式的惩罚。那些有这种心理的父母面临的问题是，孩子压力重重，充满不忿。注意力分散的孩子因为把过多的经历放在消极的情绪上，可能会注意力更加分散，情况会进一步恶化。

鼓励积极行为是更好的选择，能够支持并激励孩子，尤其是那些需要额外精神支持的注意力分散的孩子。接下来我会向你介绍如何最好的理解鼓励积极行为，并利用它来帮助你的孩子。

控制局面

为了合理地运用鼓励积极行为来影响孩子的行为，你需要理解他的不正当行为所处的环境。在前面的有些部分，我提到过如果因为孩子不好的选择而得到奖励其实是会不知不觉地助长这种不当行为。如果你了解他的问题所在和潜在影响，你才更有可能帮助孩子学习新的技能。

我给大家简单介绍一些行为心理学，提供一个框架来理解注意力分散的孩子问题行为的根源是什么。主要内容是你孩子的行为其实是可以分为三部分的，那就是前提、行为与结果。如下所示

前提、行为与结果

A　　B　　C

（A）前提：前提发生在行为之前。很重要的是要审视行为的前提。这是因为在一些情况下行为的变化需要环境的变化。比如，你的孩子有拖延症，你如果想要弄清楚他拖延的原因，那就最好知道他在拖延之前发生了什么事。你要问问自己“行为的原因是什么”和“这种行为发生的背景是什么”。

（B）行为：观察这些行为时需要问问自己“行为的问题在于什么”。就用上面说到的例子，那么答案就是拖延症。你可以发现，必须要弄清楚拖延症的类型是什么。所以当你思考孩子的行为时，你需要更加具体。

（C）结果：我在这里谈到结果并不是因为结果与规范相关。而是因为在鼓励积极行为的领域，孩子行为的结果一般称作结果。结果是对行为的反应。在试图理解你孩子的行为时，要问问自己“我的反应是什么，我孩子的反应是什么”，以及“其他受到影响的人有何种反应”。

正如上述解释所示，把孩子的行为细分成各个部分是很有启发的，这能够帮助你弄清楚如何最有效地运用鼓励积极行为。

我并不是要你每天带着一个记事本或者工作表，把孩子的所有行为细分成前提、行为和结果。我希望你能关注你和孩子所面临的挑战和困难。下面我们看一个例子，是14岁的阿尔和他的母亲露易斯。我们用这

个例子来解释前提、行为和结果。

前提	行为	结果
阿尔被要求做作业	阿尔不愿意	阿尔气冲冲地出去，作业还是没有做

你可以在下面看到，阿尔和他的母亲露易斯经历了一番“模式化”的程序后，结果就是阿尔不用做作业了。下面就是一次咨询的记录，提到了那天晚上发生的事。

露易斯：阿尔不肯乖乖去写作业。

我：你是什么意思？能举个例子吗？

露易斯：他回到家明明有时间写作业，但是却在那儿浪费时间。我回家之后，让他给我看看作业写得怎么样了，他跟我说这就去做。当我再质问他的时候，我们就开始吵架了。

我：阿尔跟你说什么？

露易斯：他变得越来越不安，还跟我说我对他太严格了，他所有朋友的父母都没有我那么严格。他说我对他不公平，他讨厌我。

我：那你怎么做的？

露易斯：好吧，我必须要承认他真的是很容易把我激怒。相信我，我尝试了很多次希望能心平气和地和他讲道理，让他知道为什么要做好功课。但是，我和丈夫慢慢对他这种无动于衷的态度实在很不满。他从来也没从我们的立场考虑过。

我：之后发生了什么？

露易斯：我们就和他吵起来了。之后我们也受够了这样的争吵，我们就不管他了，让他想干什么干什么。拜托，这个孩子真是把我们弄得精疲力尽。

在这个例子里，如果阿尔能听父母的话，他就会做功课了。然而，他却激怒他的父母，一点也不愿意让步，他就不用做功课了。之所以会出现这种行为是因为它确实有效果！你觉不觉得听起来很熟悉呢？如果如此，也不要感到不高兴。现在你可以看一下为什么不能起作用，然后开始改变做事的方法。

在阿尔和露易斯的情况中可以看到，行为指的是阿尔不愿意做功课，前提是争吵，结果是逃避。仔细观察事情发生的顺序可以表明这种鼓励对父母来说是有害的。

我们看一下另外一个例子。

加里想要收拾一下屋子，看到地板中间有一双鞋，是他8岁孩子特伦特的，他就叫特伦特把鞋子收起来。可是他根本不听，还在继续看电视，这让加里有点生气。之后加里愤怒了再次要求特伦特把鞋子拿起来。特伦特一开始其实并不是有意不听爸爸的话，他只是没有注意，这之后他有可能真的反抗，随便发脾气。这样的争吵可能会出现很多次，这让特伦特和加里都感觉既灰心又生气。最后，加里不想再发火了，就不再要求特伦特，让他回自己的房间了。加里最后也心力交瘁了，只能自己把鞋子拿起来，因为“我实在不想因为尝试让特伦特做应该做的事情而把自己激怒了”。

我猜想你应该和自己的孩子之间也出现过类似的状况。不幸的是，你的孩子从这种状况中学到的是只要她拒绝你的要求，最终他们就可以随心所欲了。即使看起来好像不是如此，你的孩子逃避或者拒绝去做她需要做的事情之后却能得到奖励。如果你考虑一下到底是什么造成了这些问题，那么你也可以在不知不觉中避免助长那些不当行为。

如何实践积极的鼓励

现在你已经清楚了应该避免的事情，是时候提示一下如何为难以专注的孩子加强积极鼓励。我知道你的孩子可能不会把手头的事情放下，给你一个大大的拥抱然后说“妈妈，我已经等不及看看你的奖励措施怎么激励我了。”所以，如果孩子习惯说一些俏皮话或者有反抗的行为，也不要太灰心。保持冷静，不要和你的孩子起冲突——要继续努力。

我们来看，如果阿尔和特伦特的父母能够使用鼓励积极行为的方法会有什么样的效果呢。当阿尔拒绝做功课时，露易斯应该跟阿尔强调他以前完成功课的经历。所有的孩子在人生中都有成功的经历，甚至是在他们并不擅长的领域。提及过去的成功是积极鼓励的有效途径。她可以心平气和地和孩子讲道理，跟他说好好做功课才能有更多的优待。这样才能有更积极的互动，避免产生冲突，并进一步鼓励自己的孩子。如果露易斯当时能想到进一步采取行动，她可能会想到对阿尔来说功课并不那么容易。这样才能让阿尔意识到她的母亲是支持他的，而不是和他对抗。

同样，如果特伦特没有把鞋拿起来，加里可以告诉他应该保管好自己的个人物品，如果他这样做了，还会对他有更多好处，比如，可以多玩一会儿电脑，多看一会儿电视，多一点时间和朋友玩耍。要努力地在互动中强调成功，而不是失败，加里当时其实已经应该向特伦特强调他在其他一些方面的负责表现，比如说刷牙和按时上学。即使特伦特没有把鞋子拿起来，但如果当时加里跟特伦特说话时能更积极一点，那可能会取得好的效果。如果这次没有产生冲突，可能下一次特伦特就愿意自己把鞋子拿起来了。

■ 目标具体化

为了帮助你的孩子改善自己的行为，你需要清楚自己的期望值是什么。在确定你想要改变的行为时应该要具体一些。要记住难以专注的孩子一般比较难把握。所以当确定需要加强的行为目标时，我们需要把行为细分成小的部分，一次解决一个。

多米尼克的孩子德里克9岁了，他让孩子一次做10~15分钟的作业，这样比让他坐在那儿半个小时要更有效。多米尼克在桌子旁边放了一个计时器。除了表扬他之外，有一天多米尼克还给德里克准备了惊喜，是他最喜欢的玩具店的礼品卡。在这个例子里，家长能够具体地根据最适合孩子的方式来促进积极的变化。这种积极的奖励措施能够有利于形成新的习惯。

记住，应该让你的孩子努力实现可以衡量的目标，应该选择你和孩子可以真正评估的行为目标。为了成功的改变行为，你需要清楚对孩子来说比较正常的情况是什么。不然，你可能会导致孩子的失败。

要看清楚什么方法管用什么方法不管用。问问自己：“现在这种理想的行为多久出现一次呢？”这就包括发生的次数和持续的时间。下面的例子是一些可以帮助难以专注的孩子实现的、具体的、可以衡量的目标。

- 在约定的时间做作业
- 心平气和地讨论做作业遇到的挫折，而不是大喊大叫

- 自愿跟你看她的成绩和老师的评语
- 完成作业和其他任务
- 按时做好上学准备
- 在提醒之后就按照要求来做

让积极的鼓励更吸引孩子

帮助你的孩子完成作业，这样他可以有更多的时间玩耍，这样对他来说比你告诉他快把作业做完要更具吸引力。要向你们的孩子展示当他们实现目标时会有其他甜头，这样孩子会更有动力，学会如何自我激励。记住，最后的时候，你的目标是帮助孩子确定目标，提高自信。

卡琳帮助她13岁的孩子琳恩，让她更有动力自己打扫房间。卡琳跟孩子说只有把房间打扫干净之后，她才能找到自己的蝴蝶结头绳和唇膏。如果房间地板上都是衣服，那这些珍贵的物品很可能就找不到了。琳恩之后就把打扫房间看作一件有利的事情，而不是家务活。

不要妄图解决所有问题

应该选择性地帮助孩子确定要努力做出的改变，许多家长定的目标太高（最终让孩子受苦），他们试图一次改变孩子的许多行为，这样做很可能会失败。而且，如果你的孩子越来越不知所措、灰心丧气，只会带来灾难性的后果，所以我希望你不要奢望一次性改变太多。

唐娜是一个单亲妈妈，她的女儿米歇尔12岁，经历了很多才学到教训。米歇尔有许多行为组织问题，唐娜一直帮助她克服。米歇尔总是不记得每天晚上检查她的书包，所以就需要花12分钟的时间整理作业，把过去的、现在的和以后的作业都分门别类地放好。唐娜一开始会积极表扬米歇尔希望她能进步，之后她发现米歇尔5天只能坚持3天，觉得很沮丧，而且她还是需要时常提醒米歇尔。有一天辅导时，米歇尔跟唐娜说："你总是希望我做到最好，可是我真的做不到。"米歇尔说得对，唐娜这次也理解了米歇尔的想法。她对目标做出了调整，更加现实了。

你要做出一些努力让你的孩子能在一开始就能有机会尝尝成功的甜头。你需要的是让孩子取得进步，而不是达到完美状态。即使是一点点进步也是值得表扬的。

■ 分清主次

根据实际需求分清主次，确定孩子的目标。比如，弗雷德的目标是希望自己的10岁的女儿瑞亚每天早晨能记得铺床。表面上，这是一个比较合理的目标，除了有一点，就是她在刷牙这件更紧急的事情也半途而废。缺乏口腔卫生只会恶化瑞亚和同龄人之间的关系。弗雷德和瑞亚因此重新调整了目标的重心。一个月后，只要她一直好好刷牙，弗雷德会奖励她一个很好看的新牙刷，之后他们又开始关注铺床这个问题。

类似的，吉尔意识到，她现在的重点是鼓励她16岁的儿子埃里克独立完成作业，并按时上交。在这之前，她一直逼着埃里克做一些娱乐性的阅读，最后也是徒然无功。对于埃里克来说，做好作业的动力就是有更多机会开家里的车。为了合理完成最紧要的目标，吉尔不得不搁置她以前的计划，就是让埃里克每个月读一本休闲书。

■ 实用角度考虑

在你确定希望孩子哪种行为发生变化时应该考虑到你可以在这个过程中投入的时间和精力。如果你希望改变孩子在学校的一些行为，那你可能不能直接地参与进去。与此同时，尽管你可能不能放下工作，直接去孩子的学校观察他的行为，但是你也可以时刻了解到孩子的进步情况。你可以和孩子的老师用邮件联系，每天或每周获得孩子在学校情况的报告，还可以采取每周打电话询问情况的方式。

金杰是一位单亲妈妈，有4个孩子，她觉得不可能每天放学后花很长时间帮她残疾的儿子做作业。她的儿子叫杰罗姆，今年13岁。金杰在下一次的学校会议上就杰罗姆的个人教育计划提出了这一问题。我提醒金杰说她的任务应该是监督杰罗姆做作业，他的老师会很乐意把他不理解的地方再解释给他听。

■ 慎重选择奖励

在选择如何奖励孩子时，不要忘了已经用过的奖励方式，另外，要确保你选择的奖励是对孩子有利的。

克莉丝汀发现她9岁的女儿丽贝卡很喜欢烘焙曲奇饼，她借此促使女儿多练习小提琴。几年前克丽斯汀就和丽贝卡一起烘焙曲奇饼，当时她刚刚和丽贝卡的父亲离婚。所以她现在用制作曲奇饼来奖励丽贝卡拉小提琴。几个月后，无论是丽贝卡的小提琴专场，还是新鲜出炉的曲奇饼都大受欢迎。

朱迪的儿子山姆今年13岁，有肥胖的问题。朱迪意识到，用糖果和冰激凌奖励他按时做完作业对他的身体不好。朱迪清楚山姆想多看一会儿电视，打电话，和朋友们开通宵派对，周六能去百货商场，这些都可以作为有效的激励方式，所以她就用这些方法来代替糖果和冰激凌。

■ 时间证明一切

时间是在孩子身上运用鼓励积极行为法需要考虑的重要因素。对于年纪比较小的孩子来说应该在行为之后尽快给予奖励，这样他们一般会有更好的表现。而随着孩子长大，父母可以在行为之后间隔一段更长的时间再给予奖励。

对于难以专注的孩子来说，行为和奖励之间的间隔应该相对短一些。时间拖得越长，奖励对于孩子的影响力就越小。换言之，如果过度拖延奖励，对形成令人满意的行为的作用就微乎其微了。在一开始，你可能无意识地拖延了奖励的时间，或者忘了表扬自己的孩子，这都是很正常的。还是可以顺便跟孩子提一下："我本来想告诉你我已经看到你按时做好去上学的准备了。你确实取得进步了。"

安迪向他12岁的儿子丹尼斯承诺，只要那一周不要和父母吵架，周末就去玩皮划艇。这个方法没有成功，然而，我帮安迪意识到这样的奖励实在太遥远了，不能有效激励丹尼斯。安迪应该不仅承诺周末带丹尼斯去玩皮划艇，与此同时，还在安迪表现好的时候时不时地表扬他。丹尼斯在父亲表扬之后，一直谨记着减少与父母的冲突。

正如例子中所说的，每天的奖励或者是获得优待的一些机会都是大有裨益的。给年纪比较小的孩子（10岁及以下）奖励"积分"，让他们可以获得更多有形的奖励（比如，看电视的时间，玩电子游戏的时间，租视频观看），这都有利于孩子们达成既定目标。

■ 关注鼓励的多样化

对于难以专注的孩子，我们需要提供多样的奖励方式来激励他们，这一点并不奇怪。

所以，要给孩子新的有创意的奖励，而不是千篇一律的奖励。其实你的选择很多。你可以调整孩子玩电子游戏的时间，同意他和朋友去更多的地方玩。要记住激励孩子的方式下一次并不一定管用，这点很重要。

丹的女儿谢丽尔11岁，他发现女儿一开始能够把准时的目标很好的贯彻下去，可是后来对什么奖励都失去兴趣了。丹之后发现最好的方法就是改变激励方式，保持新鲜感。他试着改变激励的方式。比如某一天的电视时间延长，第二天可以晚睡半个小时。这也帮助谢丽尔在按时做好上学准备方面取得了进步。

乔伊也是我的一个客户，他用许多有新意的奖励来激励自己4岁的儿子迭戈。迭戈总是忍不住打扰幼儿园的其他孩子。乔伊就一周画笑脸，下一周用动物贴纸，再下一周教孩子玩弹力球。这样帮助迭戈实现目标的努力还是很有用的。之后迭戈学会了在和同龄人还有幼儿园老师交流时不打扰他们。

在采取多样化的激励方法时，需要考虑到孩子的年龄和兴趣点。要让孩子对奖励感兴趣是需要一点创意的，但是它会激励孩子做出变化。

■ 亲子协议

在一些情况下，让你的孩子接受这样的奖励方案也是一个挑战。为了帮助你的孩子做出积极的转变，你要让她知道你会坚持下去（你也希望她能这么做），这是你们需要定一个协议。

亲子协议模板

孩子每周七天里要有至少______天达成以下期望

1. 母亲和父亲要确保孩子不能从兄弟姐妹的房间里乱拿东西。

2. 孩子在下午四点到五点应该好好做作业。

3. 孩子在准时离开家之前五分钟会被提醒一次。不能让别人等她。在上学期间8：15就要做好准备。

4. 孩子在父母要求下要把鞋子拿起来，最多再提醒一次。

5. 孩子要及时回答父母的问题，最多重复三个问题。

6. 孩子要在不受打扰的情况下完成作业。

如果孩子每周七天有________天完成________________目标，每周将得到______________________奖励。

孩子签名：____________________

父母签名：____________________

见证人签名：__________________

青少年/父母协议样本

1. 父母早上把孩子喜欢的电台打开，帮助孩子起床。

2. 孩子和朋友外出超过晚上八点要给父母打电话，讨论晚上其他计划的安排，和父母打成一致意见。

3. 孩子和父母争论不能超过5分钟，一天不能超过两次。

4. 孩子要遵循父母的要求，最多提醒一次。

5. 孩子回答父母问题的时候要有礼貌，但是可以获得最多3个加分。

6. 孩子不能朝弟弟妹妹大喊大叫，应该找父母来协调。

7. 孩子在暑假去找兼职，还要同意支付一半的汽车保险。

如果孩子满足以上的____项标准，就可以得到________________奖励。

孩子签名：____________________

父母签名：____________________

见证人签名：__________________

我个人发现父母和孩子之间的协议还是很有帮助的。许多孩子都认为不仅是他们自己，他们的父母也应该承担责任。布莱恩一开始觉得如果他在晚饭前做完作业他的父亲史蒂夫肯定就不会再管着他。在一次在父子的咨询会中，他们起草了一个协议，给双方赋予了责任感。史蒂夫让布莱恩可以在协议里用自己的话来表述。史蒂夫还听从了我的意见，他也同意儿子在协议中参与度越大，这样的方法取得成功的可能性也越大。事实上这个方法确实取得了成功。

在第195和196页，我提供了一些可以使用的协议模板（其中一个是给年纪比较小的孩子，还有一个是给青少年的）。你可以根据自己孩子的情况做出调整。请注意，三个目标是最理想的协议。我在模板里列举了其他的一些目标供参考。

鼓励积极行为时的六项考虑

■ 经常表扬孩子

我强调过，各个年龄的孩子都会从积极的言语反馈中受益。只有当你帮助孩子为自己取得的成功感到自豪时，才能更好地促进积极变化。你的孩子对自己的积极变化自我感觉越好，在未来才能更好地把这一行为坚持下去。研究表明，所有的孩子，尤其是注意力分散的孩子，在收到更多的行为反馈时更有可能表现得更好。

爱丽斯在帮助自己的儿子托比学习认真阅读和完成作业要求方面，也发现了这种方法的正确性。她过去一直每周在托比完成作业时表扬他，但是后来她发现每天表扬他更加有效果。如果在晚上托比对作业要求不是很清楚时，爱丽丝就会主动鼓励托比，给予他支持，效果很不错。

要记住，难以专注的孩子可能需要更多的提醒。需要时刻提醒他们如果达到期望会有什么样的奖励。他们可能会忘记他们的行为目标是什么，但是积极的反馈可以帮助他们时刻记住自己的目标是什么。我一般建议父母经常提醒孩子，他们的目标是什么，会有什么样的奖励。朱迪也是我接触过的一位母亲，她一般都会做笔记，放在她能经常看到的地方。她的一个笔记是这样写的："指出积极面"。意思就是难以专注的孩子需要频繁的反馈，能够有效地促进行为改变。

我在"第四天"中也提到了，老师在学校给难以专注的孩子更多的口头表扬也是很重要的。能够让孩子感觉到老师是支持她的，而不是要对他提诸多要求的敌人。

■ 让失败无处遁形

孩子不能改变或者改变不能持续的主要原因是因为他们的父母很快就灰心丧气，然后就放弃了。所以一定要有耐心，让你的孩子抓住每次可以成功的机会。

不管是作业协定、做家务协定，还是鼓励早上应该完成的任务，如果方法不管用，就发现并解决问题。问问你自己到底是什么出了问题。看看你是不是在设定需要奖励的行为时比较实际。变化平稳进行时，要给予积极反馈。只有确定你的孩子完成了你给他设定的目标时，再去关注另一个行为。

莎琳希望她10岁的女儿特莎能够学会保持房间整洁。她们一起努力（我从旁协助），就三件事达成一致，这都是保持房间整洁的关键：把衣服从地板上拿起来，清理垃圾，铺好床。你看就是母亲和女儿把事情弄得很简单，就是三个任务。

我鼓励莎琳要逐步进行这个项目，而不是急于求成。为了让她更好地参与进来，莎琳让特莎选一件可以自己做的事——并不一定是她愿意做的事。特莎选择了铺床。之后她们商量了一下给特莎的奖励——都是一些零成本或者低成本的活动，不过都有其他的好处，比如一起散步、玩拼字游戏或者一起烘焙。

在一周内，莎琳已经鼓励特莎自己完成这三项任务来保持房间整洁。莎琳问特莎她能保持几天。一开始特莎说，我能一直坚持到“我死的那天”，话里带着讽刺。但是，母亲莎琳仍然保持冷静、坚定，克制着情绪，没有陷入到和孩子的拉锯战中。母女达成协议，特莎一周整理四次房间。而且莎琳还允许女儿调整安排，愿意在特莎干活的时候陪着她。

■ 表扬要有效

这听起来理所当然，但是还是希望你记住，如果要表扬，就要让表扬发挥作用。比如，表扬孩子时，要让孩子了解究竟哪里做得和以前不同，为什么这次做得好。例如，“不用我提醒，你就开始写作业啦，很好。”“我只说了一遍，你就按我说的去遛狗了，真棒。”

■ 积攒表扬的话

下面列出了家长应该表扬的积极行为。请随意复印，随时参考。利用该表提醒自己孩子的哪些行为值得关注、值得表扬。表后还预留了横线，供增添内容使用。

在第一份积极行为列表之后，还有两份表格，分别列出了学前、小学及13岁左右儿童的积极行为。

积极行为示例

记作业	写作业	对学校任务的抱怨少了
邀请一位朋友	完成作业	开始按时做作业

认真做作业	向老师寻求保证	不大声讲话
不跑跳打闹	耐心对待朋友	认真做家务
考试取得好成绩	交新朋友	上课不被老师点名
体贴朋友伙伴	不忘带书本学具	按时上学
讲卫生	参加学校活动	冷静、放松
承认在校犯了错误	耐　心	友　善
配合老师		

积极行为鼓励嘉奖示例（学前、小学版）

玩黏土或彩泥	在爸爸或妈妈的陪伴下去某个地方	参与安排一天的活动
帮助父母	能在浴缸里多待一会儿	和父母一起骑车
出去买冰激凌	和小朋友一起玩	喂养宠物
去公园	在沙箱里玩	敲打拨浪鼓、平底锅或者铃铛
和父母下棋	去图书馆	用蜡笔画画
在床上蹦蹦跳跳	户外活动	坐在前排
稍微熬夜	游动物园	租电子游戏
看电影	骑在老爸的肩膀上	将东西吃光

积极行为鼓励嘉奖示例（13岁左右儿童版）

打电话时间延长	听音响	独自完成一次安全的旅行
找兼职	搭车上学一次	比往常回家稍晚
露　营	换个特别的发型	去迪士尼乐园或其他游乐园

家长外出时允许孩子独自在家	邀请朋友一起吃饭	周末晚睡
有自己的账户	收到订阅的杂志	和朋友一起购物
有玩电脑的时间	玩电子游戏	租一个新的游戏
看视频	买盘CD	滑滑板
装饰自己的屋子	和朋友一起参加活动	要钱买东西

■ 不要忽略孩子的努力

尽管我们已经谈了很多有关行为和成绩的内容，但是孩子的努力也是同样重要的。鼓励和其他的奖励都是积极的强化方式，非常有益巩固孩子展现的积极行为。家长应该多鼓励孩子的努力，表扬孩子取得的成绩，两方面对于强化正确的行为都是非常有价值的。

莉莲发现，自己14岁的儿子科尔因为得到了她的鼓励，情况越来越好。莉莲的父母非常严厉，所以，此前她也不相信友善和平易近人能发挥什么作用。“原来就是让儿子先告诉我，他取得了哪些成绩，然后我再表扬他。这基本上就是我当初对于表扬、对于积极支持的认识。”但是经过我的辅导，莉莲认识到，这种心态无法帮助儿子面对在校期间各种影响注意力的问题。随后她转而采取了更为积极的鼓励方式培养孩子，而科尔的反应也是相当积极的。

■ 从过去汲取力量，鼓励孩子

我们都会从回顾过往成功当中受益良多，通过让自己回忆过往的成功，能够鼓励自己面对全新的挑战。难以专注的孩子一般都会忽略自己过去成功的例子，所以应该鼓励孩子，保持冷静坚定，克制自己的控制情绪，共同回忆孩子在过去有哪些事情做得好。比如，“昨天你的数学题解得就很好，我觉得今天这张试卷你也能答好。”

让自己充满正能量

这本书到目前关注的都是如何让家长帮助孩子，但家长的自我鼓励、自己强化同样重要。

我要恭喜你已经读完了这么多内容。你已经学会了很多方法来管理孩子的注意力问题。不妨现在来花点时间给自己一些认可，祝贺自己已经完成了多项任务，帮助孩子克服注意力障碍。请依下表对照自己的积极行为，给自己以鼓励。

家长的积极行为

____ 和老师见面。

____ 通过阅读与注意力缺陷相关图书来丰富自己。

____ 学校课本材料组织得井井有条。

____ 情绪低落时仍然能够给孩子以心理上的支持。

____ 参与有孩子参加的课外活动。培养鼓励孩子建立正常的同伴关系。

____ 购买各种书本学具。

____ 帮助孩子做作业。

____ 参加家长会。

____ 每天听孩子倾诉自己的问题。

____ 尽管说会遇到挫折，但依然爱自己的孩子。

以上各种支持鼓励的行为，无论你做得多还是少，都请给自己一点认可。记住，如果你做到了以上这些，也就意味着在帮助孩子方面，取得了很大的进步。不要忘记自己的每一份努力，并且应该引以为荣。

第七天 总 结

今天你已经学习了鼓励和其他奖励方式的重要作用——能够强化注意力不集中的孩子的积极行为。请记住，从开始到现在，你取得了哪些进步？谨记以下的几个强化积极行为的要点。

- ❑ 如果方式正确，表扬将会显著增加难以专注的孩子的积极行为。
- ❑ 对于孩子的专注行为，你奖励得越多，就越有可能削弱孩子的问题。
- ❑ 除了表演还可以辅以其他奖励，表示对孩子积极行为的认可。
- ❑ 为自己做出的积极努力鼓励自己，这对家长和孩子都十分重要。

DAY 8

第八天
解决与专注能力共存的问题

从“第一天”起，你就开始努力帮助孩子解决专注力的问题。恭喜你已经看到了“第八天”，我尊重你所付出的努力，感谢你对“10天计划”的支持。通过认真应用这些建议和策略，你会很快地发现积极的结果，这非常的棒。毕竟，如果孩子的专注力提高，你的压力也会减少。

我曾在书中断言，不论你的孩子不能集中精力的潜在原因是什么，“10天计划”里的策略肯定能有效缓解难以专注带来的问题。然而，也许现在的结果还没能达到你的预期，或者是你觉得孩子的问题比你预想得要严重。如果是这样，你的孩子可能还面临着其他导致分心的问题。

今天你将了解到一些关于儿童心理健康疾病的知识，它们可能跟分心同时存在，并且加重专注困难。这些疾病包括ADHD，我在“第一天”那一章里已经阐述过了，它可以导致孩子分心，也有可能是与分心问题同时存在，还有可能既是原因又是并发症。正因为如此，我在这两章都提到了心理健康疾病（然而，由于我已经在“第一天”里详细阐释过ADHD了，在此我就不再赘述）。我还将简单讨论其他一些原因，它们会使得孩子集中精力变得格外困难。家长应该充分了解影响分心儿童的心理与生理健康问题，这样才能找到适当的解决办法。

就像十天训练法里所有的信息一样，本章呈现的知识仅仅是教育性质的。因此请你注意，任何心理健康疾病的诊断和治疗都应该从心理健康专业人士之处获得，包括本章谈到的内容。

识别与专注力共存的问题

到现在为止，我们已经明确分心问题确实给孩子带来了很大的挑战。与此同时，还有一些常见健康问题可以与之共同存在，甚至加深孩子的分心程度。我希望各位家长明白，每一个孩子都是一个不同的个体，所以共存问题对孩子的影响及其表现出来的严重程度是不一而同的。在一些案例中，我发现孩子的不同表现是由多种原因引发的，并与分心问题混合在一起。但是，即使你的孩子属于这一类病例，也不要太过沮丧。要有耐心，保持从容淡定，放弃高压政策，这些做法可以极大地帮助你和你的孩子共渡难关。

我希望本章的信息可以给家长们提供帮助。但是，希望各位家长不要患上“医科学生综合征”。医科学生（和过度好奇的外行人士）往往在学习了某些疾病之后就开始怀疑自己患上了这些疾病。同样地，很多家长在书上看到了某种疾病之后就觉得自己的孩子也有这种病。如果你怀疑孩子有书中提到的疾病，请约好医生给孩子做检查。

同时，本章提供的信息会帮助你更好地理解孩子面临的某些困难，而这些问题可能你之前并没有意识到。请注意，这些只是概念上的分类。

每个分心的孩子都有自己的强项和弱项，下面的这些疾病对他们的影响是不同的。即使你怀疑你的孩子有一种或多种问题，也不必过分担心，因为这些都可以有效治疗的。与分心症状同时存在的因素包括：

- 学习能力缺陷
- 抑郁症/双相型障碍
- 焦虑
- 过敏、肠胃问题、偏头痛、睡眠障碍问题
- 对立违抗性障碍和轻度挑衅行为
- 吸毒与酗酒
- 亚斯伯格症
- 图洛特氏综合征
- 新生儿降生压力、学校压力、同龄人之间的冲突、离婚、搬家等

学习能力的影响

所有的孩子，即使是那些不存在专注力问题的孩子，都会遭遇学业方面的问题。一个孩子可能某一科成绩不佳，或是与某一位老师相处不愉快，但是他所面临的困难与有学习能力缺陷的孩子所遭遇的困境是完全不一样的。本部分会大致介绍一些关于学习能力缺陷问题的内容，家长们可以留心一下。就像我之前说过的，学业问题会引发消极的连锁反应，特别是在分心的孩子身上，一旦忽视了学业，是很难再跟上的。当不专注的孩子遭遇了学习能力缺陷以后，结果往往是糟糕透顶、令人绝望的。更麻烦的是，如果不妥善解决学习能力缺陷，孩子的自尊心也会

直线下滑，这样一来，孩子就更不愿意为学习付出努力了。

之前我提到过，一些问题可以导致专注困难，也有可能是专注困难的共存问题，还有可能既是原因又是并发症。对于很多分心儿童来说，潜在的学习能力缺陷就是这些病症的一种。对于很多孩子来说，很难判断出究竟是学习能力缺陷导致了分心，还是两者并存。

我们已经明确的是，根据研究调查，年龄在6~17岁的儿童和青少年之中有5%~10%的孩子存在学习能力缺陷。在美国，接受特殊教育的孩子里，超过一半的人有学习能力缺陷。正因为这个原因，我鼓励很多孩子的父母带着孩子接受教育测试，判定孩子是否有这种缺陷。好消息是，如果孩子有这种缺陷，恰当的教育干预可以帮助他们克服这个问题的。

学习能力缺陷和ADHD一样，是有神经学基础的。这类缺陷会影响人的理解力，使用口语、书面语的能力，数学计算能力，协调行动能力或直接的注意力（详情见“第一天”）。存在学习能力缺陷的孩子通常都会接受特殊教育。我在“第四天”里讨论过，对于已确诊的学习能力缺陷儿童，学校会提供教育建议和资源。特殊教育也是为满足这类孩子的需求而量身定制的，它包括阅读、数学等方面的强化补习。有时还会包括心理辅导服务、物理和职业疗法、演讲和语言服务、转班和医疗诊断等。

朱莉16岁，患有ADHD，注意力不集中，在七年级的时候发现她有阅读障碍。这类患者的症状恰好是分心儿童所面临的主要问题：在学校作业中犯粗心的错误，遗失家庭和学校作业，课堂无法集中注意力，听不进去老师的话，无法听从命令，无法完成学校作业。

关于朱莉的阅读障碍，她回忆道：六年级的某一天，她忽然发现自己与同学是不同的，这对她的打击很严重。当时她正在完成一项任务——

从班级发放的材料上誊写一些信息，她看到大部分同学都是逐词抄写，或者是抄下一个个短语。但是朱莉却痛苦地一个字母一个字母地写，非常痛苦。那个学期，她有一个长期的代课老师，老师虽然很关注学生，但是缺乏经验，没能发现朱莉的问题。

面临着巨大的学业压力，朱莉跟其他同时有ADHD和学习能力缺陷的孩子一样，觉得非常沮丧，她认为自己“就是太蠢了”。幸运的是，七年级时，参加了深入的教育测试后，朱莉被发现有阅读障碍和分心问题。

朱莉的教育支持小组和主要的老师通过一些干预手段帮助她克服了朗读障碍。他们把视觉、触觉和运动觉的教学工具结合起来，帮助提高朱莉的学习水平。每堂课，朱莉都坐在老师讲台的旁边，这可以帮助解决分心问题以及阅读障碍等相关问题。朱莉的教育计划里有一项特殊条款：将指派特殊的老师教她更难的数学和科学概念。她还学到了阅读解码技巧，这帮助她取得了巨大的学业进步。幸运的是，朱莉的老师还重视自信心的建立，这是朱莉亟待解决的问题，因为她的自我评价很消极。我也同朱莉的老师进行合作，帮助他们鼓励孩子改变对自己消极的看法。最终，朱莉终于明白，她跟我们每一个人一样，都有长处和短处。

最近几年，对于有学习能力缺陷的孩子，老师们变得越来越宽容。但是，仍然有小部分老师忽视阅读障碍和其他的学习困难，把学业问题全部推到孩子头上，指责孩子懒惰、不专心、心不在焉，就像当初朱莉遇到的指责那样。朱莉幸运地遇到了强大的团队，包括我、家长、学校的教育支持服务小组，大家的努力帮助朱莉克服了阅读障碍和分心。

学习能力缺陷让很多学生几近崩溃，它们可以让人丧失动力，变成我们一生都无法逃避的挑战。要知道，对于一些孩子来说，或许他们确实存在某些学习能力缺陷，而这些缺陷又交织在一起。但是其他的孩子可能就只有一种学习问题，而且对他们的人生也没什么影响。好消息是，解决这些问题的教育建议和资源还是很丰富的（更多资料，请参见相关资料部分）。

抑郁也会导致不专注

抑郁也是困扰分心儿童的复杂因素之一，伤心、无精打采是抑郁症的常见表现，这些都会对孩子产生很大影响，致使注意力不能集中。

孩子抑郁的根源可能是遗传性的，也可能是生理产生的。虽然只有2%的小于13岁的学龄儿童和3%~5%的青少年患有临床抑郁症，但是这是儿童心理疾病的常见病之一，仅次于焦虑症。

很多孩子由于遭遇父母离婚、搬家、社交问题、亲人离世、与所爱的人分手而深陷在抑郁的情绪中。尽管成年人抑郁和儿童抑郁是很相似的，但是也有不同之处。成年人总是有一种挥之不去的悲伤感，但是儿童则更多表现为暴躁易怒。成年人得了抑郁症一般体重会减轻，而儿童抑郁症患者只是比正常儿童增加的重量少一些。

难以专注的儿童总是会接连遭遇学业上和社交上的失败，所以他们更容易患上抑郁症。一旦难以专注的儿童得了抑郁症，他们总会觉得很悲伤、泄气，孩子们要一直跟这种消极情绪作斗争（但是孩子们的主要抑郁情绪表现为易怒，而不是悲伤）。分心和抑郁结合起来，结果可能是毁灭性的。

有抑郁症的分心儿童会满载负面的自我评定（如“我好蠢”）。这类孩子总是表现得一肚子怒火、容易爆发。这股怒气主要是由于长时间在学习和社交上落后于同龄人所产生的沮丧情绪所致，这种愤怒在体内蓄积，会导致孩子走向更严重的抑郁。总之，抑郁产生的消极想法会让孩子分心程度加深。

佩里是一名14岁的男孩，用他母亲的话来说，他“从来不曾踏出自己的房间”。连年的学业失败和同龄人的排挤让佩里觉得未来无望（抑郁症的主要特点）。在我们的前几次心理辅导中，佩里告诉我，他的“生活简直是糟透了”。佩里的父母对他束手无策，在儿子的抑郁症面前他们感到非常无助。

佩里参加了我的心理辅导，同时也接受了另一位跟我合作的精神科医生的抗抑郁药物治疗。他在父母的陪同下参加了学校会议，得到了老师的帮助，把他拉向成功。由于辅导跟进和来自周围的众多支持，他的抑郁症终于得到控制，之后学业和社交的情况也逐步好转。

当你观察到孩子在努力克服分心问题的时候，还要注意到抑郁症的复杂性，它的消极影响力很强，而且这种消极情绪不容易阻断，总是会持续地影响孩子。再强调一遍，难以专注的儿童所面临的注意力难以集中的问题并不是他们自己本人的选择。他们要与学业以及社交失败所产生的沮丧情绪作斗争，这很容易导致绝望和抑郁。抑郁还会吞噬孩子的自尊心，所以我们必须要帮助孩子走出抑郁症。

■ 识别抑郁症

下面列出的是孩子得了抑郁症后的一些常见症状。如果有3~5个甚至更多的症状持续出现超过两个星期，你就应该带着孩子到专业医疗人员那里做全套的专业检查。不是所有患了抑郁症的孩子会出现以下所有症状。对于不同孩子，症状严重程度也不一样。抑郁症的诊断必须经由医学或是心理学专业人士给出。

难以专注的抑郁儿童的常见表现

- 感到伤心，经常哭泣
- 没缘由地觉得有愧疚感
- 自尊心不强
- 认为生活无意义，或觉得不会有好事发生
- 之前热衷的事情，如音乐、运动、交友、外出等，忽然不喜欢了，只想自己一个人待着
- 无法集中精力，无法做决定
- 比较易怒，反应过激
- 睡眠模式改变，睡得更多或者是夜间失眠
- 胃口显著变化，变得很没有胃口，或是胃口很大
- 总是坐立不安，显得疲惫
- 考虑死亡，觉得自己要死了，有自杀倾向

不能忽视分心儿童的抑郁问题，如果得不到妥善解决，患者很可能会出现自残甚至是自杀的情况。

在我写这一章的时候，发生了一件让人伤心的事。有一位本地高中

的学生在学校开枪自杀身亡。之后调查发现，这个少年由于成绩忽然下滑，致使情绪走向负面。很明显，这个悲剧背后有心理健康疾病在作祟，举这个例子并不是想要吓唬大家。同时，如果你怀疑孩子得了抑郁症，就必须带孩子去接受检查和治疗。有自杀倾向患者的症状与抑郁症患者是很接近的。

伙伴关系问题的标志

- 极度伤心
- 感到无聊，没精神
- 胃口与睡眠模式改变
- 交往障碍
- 变得暴躁、易怒、有敌意
- 认为一切都没价值、没意义

抑郁症是可以治疗的，一旦病情得到控制，其相关症状也会得到缓解，有时候，也需要抗抑郁的药物配合。根据我的经验，如果对抑郁症和孩子的分心行为双双不管不顾，这两种疾病都会加重。

■ 只有积极思考还不够

有很多证据可以证明抑郁症患者通常都会产生扭曲的想法，不论是儿童还是成年人。为了帮助患抑郁症的分心儿童，我觉得帮助他们反思他们对自己的看法是很有帮助的。我从认知治疗策略之中找到办法帮助这类患儿用更理性、更有益的方式思考。这不仅仅是“积极思考”的问题。为了让孩子们更明确我的意思，我特地换了一种说法，我告诉他们，不论我再怎么积极思考，也不可能去国家橄榄球大联盟打比赛，因为我没有那么强壮也没有那种运动天赋。诚然，我并不否认积极思考会产生巨大的力量。但是积极思考并不能改变一些既定的现实，比如有一些人生来就具有运动天赋，而其他人就只能当心理医生和独立作家。

认知治疗不局限于积极思考，它更加注重帮助个体改变思考方式，变得更加贴近现实。简而言之，认知心理辅导模式的基本假定是：思考、感觉和行为三者之间存在强大的联系。感觉和行为受到思考的影响，所以思考是基础。也就意味着，我们的感觉可以通过改变扭曲的思考方式而发生改变。分心儿童的扭曲思考方式包括以下几类：

- 黑白式思考方式："我不是成功者就是失败者。"
- 灾难式思考方式："我这辈子肯定一无所成。"
- 过度概括式思考方式："我什么都做不好。"
- 自我针对式思考方式："出了分心问题，这全怪我自己。"
- "我应该"式思考方式："我应该有更多的朋友。"

在"第六天"里，我曾经讨论过扭曲的思想会让分心儿童在交友方面遭遇到更多问题。分心儿童的消极思考方式可以被转变为健康、有益的思考方式，就像下面的表格所展示的那样。可以看出，消极的思考模式有很多种，但是都体现出僵化、扭曲的特点。

消极思考模式	消极想法	转化之后的健康想法
黑白式	"我不是天才就是笨蛋。"	"在学校，我对某些知识的理解力比别人好一点，这很不错。"
灾难式	"我的学业肯定不会进步。"	"我希望学业上能够顺利一点儿，但是只要我尽力了，我就不会觉得太糟。"

（续表）

消极思考模式	消极想法	转化之后的健康想法
过度概括式	“我总是说错话，朋友们都离我远去。”	“在交友的过程中我犯过错。我现在学会了开口之前要想一想。”
自我针对式	“我学业失败都是我的错。”	“某些课业太难，但这并不是我选择的，我不应该因此感到羞耻。”
“我应该”式	“我应该像我的朋友那样在学业上取得更大进步。”	“我希望在学业上有进步，但是拿自己与朋友相比只会让我觉得更糟。”

我发现，在与患抑郁症的难以专注的儿童发展牢固、彼此信赖的关系之后，我可以使用认知治疗方法医治他们，效果非常明显。对于此类儿童，我的目标是帮助他们实现以下目标：

- 在与分心对抗的过程中，让孩子们放心去探索他们的想法和感觉
- 明确思考、感觉和行为三者的关系
- 意识到自身关于学业和社交问题的扭曲想法
- 对于孩子的非理性想法，仔细分析这些想法错误的依据
- 学会思维转换，转化扭曲思维
- 采取切合实际的思维方式，这样情绪才能变得稳定、积极

黛娜是一个11岁的女孩儿，她是一名患有抑郁症的分心儿童。她经常哭泣，并把自己关在屋子里，情况加重之后，她的父母把黛娜带到我这里来。关于自己，黛娜有一连串的消极评价。随着我们对彼此了解之后，她识别出了以下的扭曲想法：

“我讨厌自己这么笨。”

“我永远都会一无是处。”

“我的人生太可怕了。”

黛娜和我开始逐个推翻这些消极的想法。我们把她人生之中的成功都写了出来，列了一个单子，包括学业和社交方面的，黛娜意识到，尽管她确实遭遇了某些失败和失望，但是她这种绝对的消极论调是不切合实际的。几次辅导之后，黛娜明显变得有生气、变得开朗，因为她终于意识到她并不是笨，她是有天赋的，而且生活比她自己想的要美好得多。

黛娜和我把之前的消极想法转变成了健康积极的想法：

“我很难让精力集中，但是这并不意味着我笨。”

“我擅长小提琴和空手道。”

“我的人生并不糟糕。爸爸妈妈都在帮助我。我并不是唯一有困难的学生。”

由于我和黛娜的配合，她对于自己的负面评价逐渐变少，并且开始对自己有自信。我一次又一次地见证了，认知辅导（有必要的时候可以结合药物治疗）可以帮助重度抑郁儿童在几周之内出现明显好转。在帮助患抑郁症的分心儿童过程中，很重要的一点就是，要让他们知道，他们并不是孤军奋战。要保持支持的态度，努力认清到底是什么困扰着你的孩子，你的态度将会对孩子们产生巨大的积极影响。

双向型障碍

双向型障碍，又称躁郁症，在孩子和大人之中都有可能发病。这种疾病大概影响了全球约1%~2%的儿童。虽然儿童患者数量还没有准确的数字，但是近些年来越来越多人开始关注此类疾病给儿童带来的影响。

把患躁郁症的儿童和分心儿童区分开是极度困难的，因为这两种问题很多表现都是一样的。此外，躁郁症的某些表现也可能被误认为是儿童的正常情绪行为反应。

我见过的被正式诊断为躁郁症的儿童并不多，很难把这类儿童与患其他疾病的儿童区分开。例如，易怒暴躁、带有攻击性是躁郁症的表现，但是同时也是ADHD、行为障碍、对立违抗性障碍等疾病的症状，此外，吸毒也可以导致出现这种情况。

躁郁症本身是一种比较复杂的心理疾病，一旦儿童患上躁郁症，就会使儿童分心的问题加重，因为该病影响孩子在学校和在家与同龄人和家人相处的正常行为功能。此类患儿没有明确的情绪周期，而是会保持各种情绪的持续或是快速波动，如精力旺盛、反复无常、反抗、夸张、易怒、焦虑和爆炸性情绪。在许多方面，躁郁症儿童与分心儿童的表现是很相似的，但是如果孩子得了躁郁症，又存在分心的问题，那么他们的生活将变得更加困难。简而言之，躁郁症儿童会胡思乱想，这样他们就会容易分心。躁郁症患儿之中大部分符合ADHD的诊断标准，但是他们并不是ADHD患者。他们需要接受稳定情绪的药物治疗，才能减少胡思乱想，集中注意力。

■ 识别双向型障碍的模式

躁郁症患儿会有抑郁症的症状，还会有躁狂行为，一般至少有3~5种以下行为，持续一个星期以上：

双向型障碍的表现

- 情绪急剧变化，或是极度易怒，或是没缘由地极度高兴
- 自我膨胀
- 极度容易分心，注意力不断转移
- 体能增强
- 少有睡意，可以持续几天不睡觉或睡很短时间，但是也不觉得累
- 语量变大，说得过多过快；频繁转变话题；滔滔不绝，无法打断
- 性欲亢进，关于性的想法、感觉、行为增多等
- 目标指向性活动增多或是行为躁动不安
- 不考虑风险，过多参与危险活动

我辅导过一个16岁的姑娘安吉，她情绪波动严重，出现了长时间的高能期。在“高能期”，安吉睡得很少，与附近的男孩儿滥交，还在商店里偷东西。在我进一步与安吉交谈之后，我发现，她是有情绪周期历史的，她的狂躁和抑郁加重了分心的问题。后来我把安吉转介给一个精神科的同事，他肯定了我的推测，安吉是躁郁症患者。她进行了情绪稳定药物治疗之后病情逐渐稳定。

焦虑会加剧分心

大部分儿童都会时不时感到焦虑。在某些情况下，适度的焦虑可以

帮助分心的孩子回到正轨。例如，“我这次没考好，我得加把劲儿了”，这样的话就包含了一定的焦虑情绪，它可以促使孩子认真应对学校的课业要求。对于分心的孩子，轻度到中度的焦虑是有益的，孩子一旦有了一定的焦虑感，就会努力做好自己应该做的事情。

与此同时，患有焦虑症的儿童或是焦虑程度高的孩子，与其他孩子相比，会更容易感受到更多的焦虑情绪，而且来势汹汹。如果焦虑带来的症状使孩子极度苦恼，或是影响他们生活某个方面的正常运行，那么它就影响了孩子的健康。

焦虑、分心儿童的问题在于，过度的焦虑会导致注意力下降、坐立不安，甚至会导致更严重的分心问题。这些焦虑问题与分心儿童体现的部分症状是一致的。此外，过度焦虑可导致孩子失眠、过度疲倦、暴躁、易怒、紧张。作为一个群体，患焦虑症的儿童是比较常见的。

约有10%的孩子患有焦虑症，但是大部分都不会就医。我经常会看到，分心的孩子虽然有时会虚张声势，但实际上他们极度焦虑。难以专注的儿童身上存在的焦虑情绪附带问题会影响出勤率，制造社交障碍、降低孩子们的自尊心，并导致孩子的自我认知过于消极。焦虑症儿童主观上会感觉到担心、忧虑和恐惧，大部分儿童有些时候也会产生这样的情绪，所以要区分一般焦虑和焦虑症在程度上的不同。

焦虑问题有不同的表现形式，我在下文中会讨论到。

焦虑的孩子如果难以专注会出现以下现象

- 恶心
- 出汗
- 胃痛
- 呼吸急促
- 决策力差
- 扭曲他人意见
- 注意力不易集中
- 对周围环境评价消极

患焦虑症的分心儿童也会感觉到羞耻和沮丧。关于正常程度与非正常程度焦虑的判定主要依据忧虑程度，以及对于孩子机能的影响，焦虑影响孩子的程度应该考虑到孩子的年龄和发育水平等因素。

焦虑的孩子恐惧的东西

- 害怕黑暗
- 害怕自己成绩不好，家长反应消极
- 害怕被同龄人拒绝
- 害怕自己笨
- 害怕体育和活动表现差
- 害怕自己在校表现不佳
- 害怕找不到好工作

胡安9岁，来到我这里接受心理辅导，原因是因为怕鬼。这个孩子有听觉问题，而且在课上特别容易走神。通过班上的教育支持教师的观察，断定胡安只有一半的时间心思在课堂上（正常人应该是70%~85%）。而且他最近开始怕鬼，这就进一步分散了他的精力，因为他怕鬼怕到晚上睡不好觉。这种恐惧主要是因为胡安看了一部恐怖电影，电影讲的是鬼吓唬青少年的故事。

胡安和我都同意这样一个事实，那就是：世界上没有哪个9岁的孩子会睡梦中被鬼抢走。我帮助胡安意识到，他的问题实际上是想到鬼就会恐慌。我们两制作了一个海报，上面列着鬼实际打扰他的次数，还写着他活着的天数，让这两个数字形成对比。这种用白纸黑字记录事实的手段对他的帮助很大，他认识到了自己的害怕是多么没道理。我还建议胡安晚上点灯，并且打开衣橱的灯。尽管我不是鬼神方面的专家，但是我支持一种看法，那就是鬼是怕光的。胡安学会了说出自己的恐惧，也学会了对抗这种恐惧，最终赢得了好睡眠，缓解了分心问题。

困扰孩子的焦虑症有不同的类型，下面介绍几类常见的焦虑症。

■ 广泛性焦虑症

广泛性焦虑症是儿童焦虑症里最常见的一种。患儿往往把事情想到最糟，而且经常抱怨精疲力尽、紧张、头痛而且恶心。患有广泛性焦虑症的分心儿童总是会过度担心、恐惧，这种情况每天大部分时间都会发生，并持续6个月以上。这些孩子担心的情绪会加重本身的分心问题。他们可能会觉得坐立不安、激动、易怒、暴躁，很容易疲惫，无法集中注意力，或者是大脑空空，也有可能肌肉紧张，难以入睡，无法安睡或是睡眠不宁。

我曾辅导过一个8岁的女孩贝奇，她就患有广泛性焦虑症。用她家长的话来说就是，她“总是在担心各种事”。在我跟贝奇及其父母的心理辅导过程中，我曾指出，虽然贝奇看上去似乎“一直在担心各种事”，但实际上并不是那么回事。我们帮她看到了自己的长处：她很有责任心，在4岁的弟弟面前很有威信，而且在体操方面比较有天赋。通过这些有信心的方面，贝奇开始觉得自己比以前心理强大了，对自己的管控力也增加了。这些努力再加上个人和家庭辅导，帮助贝奇克服了焦虑症。短短几个月，她的焦虑症状就消失了，分心问题也随之得到了缓解。

■ 恐慌

分心儿童也会恐慌或是感到过度恐慌，从而加重自己的分心问题。一般说来，恐慌情绪来袭平均发生在几分钟的时间，但是却可以持续10分钟，有时甚至会更长。对于分心儿童，这种疾病最痛苦的地方在于，恐慌感总是忽然出现，而且感觉好像永不消退。

如果查明了医学原因，患恐慌症的分心儿童需要了解到，自己的发病表现（例如，呼吸困难、胸腔沉闷、发抖）虽然比较可怕，但是并不危险。了解这部分内容对于所有存在恐慌症状的孩子都很重要，特别是分心的儿童，因为他们本身就对自己的思想、感觉、肢体感知掌控不佳。

尽管可能跟孩子的本能相反，但是我们可以训练孩子，减少他们对于恐慌本身的恐惧。就我对恐慌症儿童的辅导经验来看，我一般采用视力练习来唤起孩子的想象力（比如，在一朵洁白柔软的云上飘）。另一种策略就是，让孩子“自己出去”，然后用1~10这10个数字来评估自己的恐慌程度。如果孩子可以量化自己的恐慌，那么他们就会渐渐觉得可以控制住这种消极的情绪。

儿童恐慌最棘手的部分莫过于，如何处理恐慌引发的恐慌。跟抑郁和其他形式的焦虑症一样，恐慌时产生的想法和感觉可以变成恶性循环。有一些孩子真的觉得自己要死了，或是得了重病（通常伴随胃疼或头疼）。孩子的见识毕竟没有大人丰富，而且他们也不像大人那样可以清楚地叙述出自己的症状。所以家长能做的就是，当孩子恐慌的时候，你要有耐心、冷静，并安抚孩子。让孩子知道，他并没有“发疯”，也不是“怪胎”，恐慌的不定期发作可以帮助他们学会舒缓自己的情绪并获得自信，在未来继续对抗自己的恐慌情绪。

■ 恐慌发作时该如何处理

恐慌症发作时的具体体现为呼吸短促、心悸、头昏、口干、恶心或腹泻、肌肉高度紧张、可能产生对死亡的恐惧。如果孩子发病，你可以：

● 赶快安抚孩子，告诉孩子，害怕的感觉很快就会过去。

● 保持从容淡定，不采用高压态度。此外，采取支持的态度、舒缓的举止方式。你越冷静，你的孩子就会越快冷静下来。保持目光接触，保持倾听，安慰孩子，告诉他们没事。

● 温柔地鼓励孩子慢慢呼吸，深呼吸，同时安慰他们，不要评头论足。要陪在孩子身旁。如果情况不见好转或是心悸情况严重，要及时就医。

● 倾听孩子们内心里的一些非理性的想法，例如“我没有未来”“从没有人喜欢我”“我是班里最蠢的”。还有一些类似的想法，如“我做什么都做不好”“学校里的所有人在未来十年里都会说我的坏话”。对于小一点儿、表达能力有限的孩子，玩木偶或是绘画可以帮助家长发现孩子的一些焦虑问题（当然，这要在恐慌发作之后进行）。

- 当你的孩子冷静下来之后，帮助他们认识到，不合理的自我暗示会引发焦虑。让孩子知道自己的那些不合理的（没帮助的）想法是没有依据的，帮孩子找到依据，进而产生合理的（有帮助的）想法。例如，给出以事实为依据的原因，来证明孩子不是一个彻底的失败者，不是窝囊废，不是没人喜欢。指出这些具体的例证是非常有帮助的。对于年纪小一点的孩子，4~6岁，他们的恐惧会引发恐慌症，这时候你还是可以用木偶、绘画、讲故事等手段改变他们对恐怖事物的看法。8岁的唐纳特几个月之前搬家了，新学期开学伊始，他就陷入了恐慌之中。在刚开学的前几周，我让他坐在辅导员旁边。这会缓解新环境给孩子带来的冲击，之后他就没有恐慌的感觉了。

- 为了防止恐慌在未来持续发作，让孩子在觉得恐慌的时候自问："能发生的最糟的事情是什么"，这会帮助孩子们冷静下来，让孩子发现恐慌不是理所当然、必须发生的。

■ 强迫症（OCD）

一些注意力不集中的孩子会有一些迷恋性的思想和冲动，或者是强迫性的行为。比如不受控制地重复自己的行动，这些思想和行为都是不合理的。这些强迫观念和行为对于注意力不集中的孩子造成极大影响，使他们不能在学校集中精力，能力也不及他们的同龄人，还会造成巨大的困扰和危害，并且浪费时间。

他们对于细菌、肮脏的东西、污染、保持事物井然有序、害怕攻击性和伤害性的冲动、性幻想等都有强迫性的想法。最常见的强迫性行为包括反复洗手，用纸巾拿东西，检查橱子、锁、窗子和门，数东西，重复行为，寻求安慰等。

布雷特13岁，是我的病人，他对细菌有强迫性的焦虑情绪。他会经常数厨房洗手台和卫生间的洗手台清理了几次。当我去调查他家里的情况时和他的父母谈了谈，我发现他的父母都不存在这样的焦虑感。但是，布雷特的祖父母有这样的问题。认知性疗法和放松训练有助于缓解这种强迫症。有趣的是，12年后，我在商场碰到他的父母。他们说现在布雷特表现很好，还在会计领域工作。很明显，布雷特能够克服他的困难，并且他在保持秩序这方面的需求其实对于他的职业发展起到了积极作用。

■ 创伤后压力心理障碍

我一直跟进一些注意力不集中的孩子，他们在经受性虐待、身体虐待、自然灾害或者极端暴力之后容易有创伤。他们就会出现创伤后压力心理障碍的症状，包括做噩梦、出现闪回、情绪麻木、忧郁、愤怒、易怒、注意力不集中和受到惊吓等。

14岁的丹尼一开始来见我的时候是因为学校的问题，我和他的父母、学校老师一起努力帮助他提高学习成绩。丹尼和我约定，6次治疗之后如果情况好了，他就不再来了。一个月后，我接到丹尼母亲的电话，她告诉我丹尼亲眼看到一个玩滑板的同龄人被车撞了，受了重伤。看到这个不幸的事故后，丹尼开始出现严重的恐惧症状。他又回来接受治疗，这个过程中他学会了如何去应对创伤后压力心理障碍症的一些症状。我还使用了认知疗法和放松疗法帮助他缓解恐惧情绪。

■ 恐惧症

我经常看到恐惧症对于注意力不集中的孩子产生的消极影响。恐惧症是对于那些没有造成太大或实际威胁的事物有一种不必要、不合理的恐惧情绪，这种恐惧会使人尽量避免能够引起极端恐惧情绪的事物，这其实会在很大程度上限制人的生活。具体的恐惧症一般是围绕着具体的事物（比如一些动物），或者情境（比如高度和密闭空间）。

泰勒是一个7岁的小男孩，他害怕蜘蛛。因为害怕蜘蛛，他拒绝家庭露营，他宁愿和祖父母待在一起。我查了一下他的家族史，我发现泰勒的叔叔由于不同形式的焦虑失调症住过院。据说泰勒的父亲大多数时间都很焦虑，但是他从来没有接受过心理咨询或者药物治疗。

我用接触疗法逐步帮助泰勒直面他的恐惧，并且克服这种情绪。他和我一起观看网上蜘蛛的照片，我把办公室外的一个蜘蛛放在我的胳膊上，让他摸一下。

■ 社交恐惧

社交恐惧就是对于一个或多个社交场合有一种顽固而挥之不去的恐惧，孩子害怕接触不熟悉的人或者是被别人注视。有个叫凯莉的孩子，她就存在常见的社交恐惧表现。她告诉我，她一和同龄人说话就浑身不自在，因为她害怕他们不喜欢她。有趣的是，比起大多数接受我治疗的注意力不集中的孩子，她受到的社交排斥要少得多。

有社交恐惧的孩子一般社交能力比较差。对于大多数有社交恐惧的、难以专注的孩子，对于社交场合的排斥、焦虑性期待、不安和恐惧极大地影响了他们的日常生活。

社交恐惧症的一般症状

- 对于批评极度敏感
- 不自信，自尊心低
- 害怕在班里大声朗读
- 害怕音乐和体育表演
- 害怕加入谈话
- 害怕主动攀谈
- 害怕在黑板上写字
- 害怕参加跳舞或者生日派对
- 害怕在班上回答问题
- 不敢向老师提问

我已经帮助过像凯莉这样注意力不集中的孩子应对他们的社交恐惧，我教他们如何放松并使用恰当的社交技能。这方面的信息，可以看一下“第六天”这一部分，我已经详细介绍了父母如何帮助难以专注的孩子培养社交技能。

我发现，对于众多社交恐惧的孩子来说，让他们清楚表达自己具体的不安是非常有帮助的。这些孩子对于学习弄清和改变那些会在社交场所增加他们消极情绪的思想反应不错，通过更加积极的理性的思考，孩子一般能够释放自己的恐惧情绪，更容易参与到社交场合中去。另外，我也运用认知疗法帮助孩子缓解他们思想扭曲的情况。我还帮助孩子们把那些成功的社交场合经历记录下来。我们一起努力把这样的成功经历接力下去，为他们未来参加社交场合积累经验。我还强调，要有比较现实的期望，心理咨询的目的并不是帮助孩子成为班里最受欢迎的人。

健康问题也会影响专注

正如仅仅应对分心问题不能解决问题，一些难以专注的孩子还有一些健康问题，也会加剧分心的程度。

代表性的健康问题

- 哮喘
- 过敏症
- 骨病
- 癌症
- 便秘/大便失禁
- 囊胞性纤维症
- 胃肠疾病
- 头痛/偏头痛
- 过去的头部损伤/创伤
- 心脏病
- 肠道易激综合征
- 幼年型糖尿病
- 莱姆病
- 智力迟钝
- 肥胖
- 睡眠障碍
- 癫痫
- 身体伤害/性虐待

10岁的卡珊德拉在被诊断患有严重的克罗恩病之后来找我接受辅导，这种病对孩子来说比较少见。每个月的输血让卡珊德拉和她的父母压力很大。卡珊德拉还患有多动症，她的妈妈也是如此。这样一个家庭有很多问题，但是我的重点是帮助他们一次花一天时间学会更加有条理更加沉着地面对。我还帮助卡珊德拉和她的家庭应对他们对不熟悉的医疗的恐惧。

16岁的斯科特有晚期的莱姆病，这是一种炎症性疾病，主要表现是皮肤出疹子、关节发炎、有流感症状，这都是由鹿蜱咬痕传播的。还不确定莱姆病是不是斯科特分心的潜在原因，因为他的家族也有多动症病史。

幸运的是，在以上案例中，这些孩子的情况都稳定下来了。然而，需要指出的是，孩子在承担医疗压力时会加剧分心的状况。在这些情况下，我允许家长们参加支持小组，充分运用精神力量，并且处理孩子在身体方面的一些症状。

对于有长期或者慢性疾病的孩子来说会因为要控制自己的情况变得力不从心，这很正常。这些孩子都希望和正常人一样，不用看医生、不用吃药或者遵循严格的饮食要求。

对立违抗性障碍

我接触过的家长他们都理解，孩子可能有时会出现对立违抗性的行为，尤其是当他们比较疲惫、饥饿、压力大和不安的时候。比较难管的孩子可能会跟父母争论、顶嘴、不听话，或者违抗父母、老师和其他成人。分心的孩子的反抗行为要比同年龄和发展程度的孩子严重得多，这还会影响孩子的社会、家庭和学习生活。那些孩子因为被父母或者老师误解可能感到很沮丧，会采取进一步的消极行为，这是他们寻求帮助的方式。

很多被误解的孩子到最后会有很多反抗行为，所以我一直强调保持冷静、情绪稳定的重要性，这能有助于绕过情绪反应，避免权力的斗争。只有当这些孩子感受到他们被理解了，他才会减少这种对抗性的行为。

有一些孩子的反抗行为更频繁更强烈，这就是我们所说的对立违抗性障碍，特点是一直存在不合作、对抗、敌对行为，严重影响了孩子的日常生活。

对立违抗性障碍的表现

- 经常发脾气
- 与成人过度争吵
- 主动对抗，不服从成年人的要求和规定
- 故意激怒成年人
- 把自己的错误和行为不当归咎于别人
- 经常性敏感和容易被人激怒
- 频繁生气，有怨气
- 心情不好的时候说话刻薄
- 有报复行为

这些现象在很多情况下都会出现，但是在家里或者学校这种情况更为明显。5%~15%的学校学生有对立违抗性障碍。对立违抗性障碍的原因未知，但是许多家长称他们的孩子在很小的时候就比他们的兄弟姐妹更加古板，更加苛求。生理和环境因素都会产生作用。

这些反抗行为的非临床性表现也会让家长们难以应对。我辅导的一个男孩叫丹尼斯，14岁，有高度的反抗行为，但并不是对立违抗性障碍。他的父母对他在学校的表现非常失望，对丹尼斯大发脾气。丹尼斯就骂他的父母，把重要的财物藏起来，比如汽车钥匙，以此来报复父母。

我运用冷静、稳定的疗法帮助丹尼斯的父母避免因为丹尼斯的一些行为而生气。我也帮助丹尼斯，获取他的信任，然后让他更加直接地像他的父母表达他的失落和不安。他没有以前那么反抗了，能更好地接受他在学校得到的帮助。

滥用药品的结果

长期的学校压力和可能遭受的失败产生的痛苦，会使难以专注的孩子酗酒或者滥用药品，造成一系列混乱的状况，所以滥用药物产生的快感诱使人们借以逃避这种疼痛。

在“第六天”中解释的长期社会挑战，以及来自同龄人的压力，是注意力不集中的孩子滥用药物的另一个原因。

那些注意力分散的孩子也许有酗酒或者滥用药物的父母，大人的目的是为了缓解精神分散的压力，这些酗酒和滥用药物的父母与成人给他们的孩子树立了坏榜样。

还有一些家长他们不能或者不愿意理解这种成瘾性。有一个我接触过的父亲，他的女儿极容易分心，还滥用药品。“我才不相信什么成瘾性，人要掌控自己的生活。”他说。我回应他：“说起来容易做起来难。”有一些人从来不滥用药物，一点也不在意这个问题。还有一些偶尔会使用药物，但是他们觉得自己肯定不会上瘾。然而，许多长期注意力分散的孩子缺乏支持，又没有能力以健康的方式安慰自己，这时药物对于他们来说就是一种逃避方法，不过这种方法是有害的，有时还是致命的。

现在，获取药物的途径比以前更多了，这点很让人忧心。而且在网络上有很多关于药物的信息是有误导性的。大多数社区能够接触和获得让人上瘾的药物也让大多数父母非常吃惊。

安东尼16岁，在许多年里都在与多动症相关的注意力分散问题做斗争。他的父母坚决反对用药物治疗帮助他解决注意力不集中的问题（我在“第九天”中讨论了注意力分散的药物治疗法）。安东尼跟我说他偷偷吸食大麻还服用他朋友的兴奋剂。我们建立了互信和融洽的关系之后，安东尼答应和我还有他的父母谈谈他的吸毒问题。之后我让安东尼接受精神病治疗，还给他一些药物，帮助他解决注意力分散的问题。他的父母对于现在安东尼情况的复杂性有了新的认识，他们同意安东尼使用合法药物。幸运的是，尽管经历了几次失败，但安东尼还是停止吸食大麻了。成绩也上去了，最后我听说，他要去社区大学学习了。

不幸的是，在大多数情况下，在父母发现问题之前，孩子可能已经酗酒或者滥用药物一段时间了。大多数时候，当父母发现情况时，孩子已经不是偶尔在服用这些药物了。在一些情况下，孩子可能已经是滥用药物或者酗酒，无法自拔了。对于这种孩子来说最好的解决方法是，让他们远离之前的环境和同龄人的影响，因为这都加剧了他们酗酒和滥用药物的情况。

药物和酒精康复治疗可以让孩子重新找回自己，让他们不再对药物和酒精上瘾。关键一点是，如果你的孩子有药物和酒精问题，越早治疗越好。如果不承认这一点，只会让情况变得更糟糕。你们必须要诚实面对这个问题——对自己诚实，对那些能够帮助你孩子的人也要诚实。只有这样才能帮助他尽快康复。

■ 滥用药物的危险信号

意识到能够表明你的孩子在滥用药物的信号是很重要的，这能够帮助你尽快确定你的孩子有没有滥用药物的问题。

滥用药物的信号

- 容易情绪化（比如，愤怒、伤心或者躁狂发作）
- 药箱里的酒精和处方药离奇消失
- 目光呆滞，缺少眼神交流，皮肤苍白
- 更容易生病，早晨咳嗽
- 钱或者重要财务丢失，音乐播放器和手机“丢失”
- 离家出走
- 睡眠类型变化，更易疲惫
- 逃跑
- 偷偷地发信息和使用手机频率加大
- 出现不寻常的包装箱、包装纸和保鲜纸
- 在学校有喝醉的情况出现
- 学习成绩骤降，逃课
- 和家庭关系疏远
- 有新的朋友
- 出现寻找药物的行为，比如在网上搜索相关信息
- 看起来总是心事重重，容易注意力分散
- 对于健康的生活方式失去兴趣，比如运动、做礼拜、和家庭联系等

如果你在应对孩子的酗酒或者滥用药物问题时请记住，他并不是一个想要变坏的坏孩子。他是生病了，在努力希望痊愈。许多家长认为滥用药物仅仅是一个阶段的事情。然而，问题比想象得要严重。成人在大脑的发展和形成性格时期，滥用药物造成的危害是很严重的问题。比如，神经学家发现，大麻会停在大脑前额叶，影响发育、记忆编码甚至是手眼的协调。只有尽早采取适当的干预措施阻止，才能减轻对家庭关系和社区运作的影响。

如果你认为孩子在滥用药物，你应当担忧（而不是呵斥他）。冷静一点，再和孩子好好谈谈，不要总是一副批评别人或是觉得丢脸的模样。

如果你的孩子真的有滥用药物的问题，那么你要让他知道，你会一直支持他，从应对简单的问题，到帮助他渡过难关。你要告诉他你相信他，同时，如果这样的信任不见了，你也要让孩子知道你觉得很失望。

还有一点很重要，你要审视自己的行为。如果你过度饮酒，或者纵容滥用药物的行为，那你其实是在怂恿你的孩子也这样处理问题。

亚斯伯格综合征

亚斯伯格综合征是普遍性的发展失调，一般是一种高功能的孤独症。和存在其他有普遍性发展滞后的大多数孩子不同的是，有亚斯伯格综合征的孩子一般没有在语言发展和技能方面有明显的滞后，和他们的同龄人相比，他们的词汇能力甚至更强。

但是，尽管他们有很大的词汇量，这些孩子在理解别人方面存在问题。患有亚斯伯格综合征的孩子一般对特定事物特别执着，对其他的事物几乎不感兴趣。他们可能强迫性地寻找和地图、钟表还有其他事物相关的信息。他们有一些固有的习惯，严格遵循一些特定的做法。患有亚斯伯格综合征的孩子一般会有一些奇怪的特殊习惯，比如说拍手、唇部运动，或者是一些让他们看起来很笨拙的姿势。这些特殊习惯都使他们与同龄人渐行渐远。这些孩子一般有更强的才智，但是社交能力也许比较差。

亚斯伯格综合征的一般症状包括：

- 他们陷入一种固定的兴趣模式，这种模式的强度和重点都很反常；
- 固执地坚持一些特定的无意义的惯例；
- 出现重复性的特殊行为（比如，拍手、扭动整个身体）。

我见过一个15岁的女孩，她叫利亚，患有亚斯伯格综合征。她的父母担心的是，亚斯伯格综合征是一种谱障碍，这意味着两个诊断有相同疾病的女孩可能会有完全不同的症状。因此，一些家长因为的孩子患有高功能性自闭症，很担心自己孩子的未来。

和其他很多相似诊断结果的孩子不同，利亚并没有自言自语的行为，虽然她过去是这样的，然而，她还是很难控制自己的情绪反应（在网球场上失控），她在社交场合很少进行眼神交流。利亚在学校变现平平，课余唯一的兴趣就是网球，不过大多数时间是和她的妈妈一起打。

对于那些患有亚斯伯格综合征的孩子来说，最佳的治疗方法包括教育和社交方面的干预，能够在他们的成功道路上提供支持。在教育方面，强调的是营造更易预测的环境。图表和其他相似的策略都是利用一种视觉的学习方式，这也是非常有益的。一些患有亚斯伯格综合征的人智力非常发达，他们需要与其技能水平相当的学习机会，因此也有针对这些孩子的补充活动。

妥瑞症

妥瑞症是一种神经失调症，特点是不自觉的肢体活动和言语失控，可能会持续至少12个月。妥瑞症的发病率大概是两千分之一。男孩的发病率更高。

言语失控非常容易让人失去信心，一般是非自愿的、突然性的，一般持续时间短，是一种重复性的行为。一些常见的情况包括强迫性的大叫、打呼声、频繁清嗓子、咳嗽、擤鼻涕。模仿语言（特点是不自觉地重复别人的言语）和污秽言语（特点是重复或者大喊污秽的话语）也会出现。不过不同于一般的看法，污秽言语还是比较少见。

尼克今年10岁，被诊断有注意力分散，强迫性神经官能症以及妥瑞症。以他这个年纪和情况来说，他的表达能力非常强，他向我说，他现在的生活快土崩瓦解了。他被同龄人嘲笑，感到非常耻辱。他感觉在同龄人里面低人一等，这让他更容易注意力分散。

我和他的老师一起努力，这位老师让他的学生们了解到尼克现在的情况是非常敏感的。跟尼克和他父母进行了多次心理咨询之后，尼克的自我感觉好了一些，在学校的表现以及与同龄人的关系都有好转。他还是有时候会来找我咨询，希望在面对挑战时能得到支持。妥瑞症没有解决方法，但是通过心理咨询、住校以及药物治疗可以更好地缓解这些症状。

压力会加剧注意力分散

孩子会面对众多加剧其难以专注情况的压力源，如下表。

压力源

- 新的弟弟妹妹
- 学校压力
- 与老师冲突
- 与同龄人冲突
- 被欺负
- 搬家
- 父母离婚
- 父母的健康问题
- 家庭财政压力/有一位家长失业
- 关心的人去世
- 家庭暴力

难以专注的孩子如果面临很多生活压力，可能会更加不知所措。对于一些孩子来说，面临不确定和压力可能会为他们的生活平添快乐和活力，但是对于难以专注的孩子来说，很多时候压力的多样性和未知性会让他们不知所措。他们很难适应其中的变化。

科特15岁，当时他对他父母越来越没大没小，所以他们就把他带过来了。尤其是当他把父母的衣服扔出卧室窗户，扔到了泥泞的院子里，这让他的父母忍无可忍。他们刚刚搬家到一个新的州，科特非常不喜欢他的新家（草都没长出来，所以只有泥泞的院子）。他还讨厌他的新学校和新同学。科特患有注意缺陷多动障碍，他很难适应变化。几个月之后，他在学校第一季度主要科目都是不及格。我为科特和他的父母提供了一些帮助和意见。他最终克服了自己的恐惧，很好地适应了人生中的重大变化。其中包括多关注自我、学业和结交新朋友。

第八天 总 结

今天你已经学到了很多关于能够加剧孩子注意力分散情况的共存问题，在继续阅读时请记住以下几点。

- ❑ 一些注意力分散的孩子可能存在一种或者多种健康问题。
- ❑ 许多共生条件会导致注意力分散，它们还可能加剧已经存在的注意力分散问题。
- ❑ 只有更清楚地了解这些心理健康的问题，才能更好地判断自己的孩子是不是存在一种或多种共生条件。
- ❑ 只有更加耐心和坚定，才能更好地帮助孩子克服存在的问题。
- ❑ 对于长期存在的问题一定要咨询专业的心理健康专家，或者去获取相关信息。

DAY 9

第九天
科学和经验能提供的其他方法

恭喜你已经接近这“10天计划”的尾声，并且已经学到了很多行之有效的方法，帮助孩子在不同情景下提高并管理专注力的情况。我希望你能对自己在短暂的时间取得如此大的成就感到骄傲。

如果你已经如是应用了此前提到的种种策略，那么，你和孩子很可能现在都会觉得自己能掌控情绪和注意力了。如果是这样，也说明孩子正在稳步实现有效地管理未来生活的种种挑战。我非常有信心，这10天的课程将对你们的未来生活起到很大的帮助。

如果你的确实施了我提的这些建议，但是孩子的进步却微乎其微，那么，今天的内容也许会有所帮助，因为这部分讨论的是如何使用药物以及其他的治疗方式来帮助孩子克服注意力分散问题。即使你觉得孩子的注意力问题已经大有缓解，我仍然推荐你阅读本章内容。学习有关药物和其他治疗方式的知识，以备孩子注意力问题未来出现恶化，是非常有必要的。

有关药物治疗和其他治疗方式的热点话题总是在不断变化，因此，本章的目的并不是提供一套完整的、深入的药物评估报告，而是要探讨一些主要注意事项。请记住，我是一名心理医生，而不是医师，所以这部分内容中的信息并不适合拿来与孩子的医生或者其他医疗专业人士讨论。

药物是否必要

到目前为止，本书关注的都是针对学校、伙伴关系、家庭等不同场景的行为干预方式，如果这些干预措施能够显著地减少孩子的注意力分散状况，那就不需要对孩子用药。但与此同时，众所周知，药物（尤其是兴奋剂类药物）对很多难以专注的孩子非常有帮助，药物能够有效地减少注意力分散问题的出现，这一结论已经得到了很多医学研究的佐证。但是，我所辅导的大多数家长还是非常谨慎，有时候甚至会对用药感到焦虑。尽管我发现很多家长最后也都愿意对孩子用药，但他们都希望能够确定这一步是非走不可的，这种疑虑也是理所当然的。

对于患有轻度到重度ADHD的儿童，很多医生都认为药物是最可行的治疗方案之一。在很多案例中，药物的确在这些孩子的生活中起到了显著的积极作用，这些我都亲眼所见。同时我也要再次强调，对于临床诊断患有不同程度抑郁、焦虑和其他精神类问题的儿童，单独使用辅导性的干预措施，有时是无济于事的。

然而我想澄清一点，那就是药物并不是解决一切问题的万灵药。很多研究证明，治疗注意力缺陷过动障碍的最优方案一般要结合教育行为干预措施（比如本书中提到的各种措施）、咨询辅导，并在必要时在医师指导下采取药物治疗。所以有一点非常重要，家长们应该牢记，现在的研究也显示，教育和行为干预措施如果能够有效执行，再辅以药物治疗，将会显著减少药物的使用量，远低于只接受药物治疗的情况。

医师、注意力分散的孩子以及家长需要耐心地共同确定药物的种类和药量。事实上，儿童不断成长，他们体重以及耐药性都会发生变化。一个注意力不集中的孩子究竟需要多少药量，需要长期的观察，需要孩子家长及老师的不断反馈。

要获取注意力缺陷过动障碍监测体系的电子文档，请访问网址：www.helpforadd.com

药物效果如何

在写本章内容的时候我询问了很多我辅导过的孩子和家长，请他们来讲述自己的看法和用药经验，以下是他们的回答：

“我妈妈每次都把药放在柜子上，我每天早晨吃药。老师告诉妈妈，吃药有些作用，但我并没有什么感觉。”——莱恩，10岁

“吃药真的帮助我提高了注意力，如果我不吃药，我的头脑就会放空，没法注意听别人讲话。”——格蕾丝，14岁

“药物帮助我学会了控制自己，现在我在学校几乎不惹麻烦，作业也做得更好了。”——李琦，13岁

“没有药物他就不能集中注意力，也控制不了自己发脾气。如果用了药，他就能够维持状态完成任务，在学校学习会更加专注。用药期间，在和同伴交往过程中，他的决策也更加的理智。但停药之后，孩子就会做出一些非常不合理的决定，行为就像个小丑。”——凯伦，12岁孩子的母亲

“药物让一天过得更快乐，而且也让我更有干劲儿记课堂笔记。如果不吃药，一天都没有状态。”——艾伦，16岁

“自从基尼（Jeanie）用药以后，他的成绩，四周之内从c/d提升到了升到了a/b。而我儿子约什（Josh）用药以后，压力也减轻了，回到了我们记忆当中他儿时天真活泼的状态。”——丽莎，两个孩子（11岁和13岁）的母亲

正如上文所示，药物对于注意力不集中的孩子很有帮助。但是也要记住，药效的好坏也是因人而异的。尽管用药总体来说会帮助大部分注意力缺陷过动障碍的孩子，但是我也发现有些孩子能够在不用药的情况下，有效地管控他们的问题，当然，这类孩子的症状一般相对较轻。

虽然很多孩子都接受药物治疗，但也有极少数的孩子特别反对吃药。在这种情况下，我当然不推荐强行用药。如果即便在舒服的环境当中孩子不想吃药，那么试图强迫孩子吃药也会造成更多的问题。但是，比拒绝吃药更普遍的情况是，孩子不记得该什么时候吃药，所以，家长应监督帮助解决这种问题。

而且，药效较长的新药能够减少孩子“离群”的机会，孩子也不会因为得去校医室服药而让人觉得奇怪。对很多儿童来说，这种药效较长的药，能够帮助减少尴尬的因素，比如在校医室门口排队。

家长理所当然应该对孩子有强烈的保护意识。这种想法让他们害怕给孩子用药。在下一节当中，我将解释一些普遍的关于用药的错误观点，从而减少家长们的恐惧。请注意，注意力缺陷过动障碍是药物治疗所针对的最为普遍的一种注意力缺陷问题，因此这部分内容将针对注意力缺陷过动障碍进行探讨。

有关用药的误解

针对注意力缺陷过动障碍儿童用药是当今的热点话题。我十分理解那些纠结于是否为孩子用药的家长。似乎困扰很多家长的并不是用药与否本身，而是那些有关用药的错误认识。为了澄清一些重要的观点，我将指出很多常见的关于用药的错误认识。

■ 误解1：用药无法真正缓解儿童的注意力问题

大量儿童已经因为用药而受益。但我还是会碰到一些家长，怀疑药物治疗注意力缺陷过动障碍的有效性。也许这是因为很多家长阅读相关文献得知，兴奋剂类药物以及其他类药物是否有效，还没有明确的证据能够证明。实际上，研究人员认为，药物能够减少注意力分散问题，因为药物会调节大脑某些区域的活动状态，提升专注力，减少多动现象，减少冲动烦躁。根据我的实践，各年龄段的孩子经过用药，生活的各个重要方面都会发生重大的改善，包括课堂的注意力、作业的质量和数量均有提高，其他的用药好处还包括操场户外运动的烦躁情况减少，和同伴的关系问题得到了非常明显的改善。药物帮助这些孩子弱化了在同伴眼中冒失讨厌的印象。药物也能帮助难以专注爱冲动的孩子减少家庭生活的问题，比如逆反心理和行为。总之，尽管很多家长很难接受，但事实上药物的作用是积极的，能够减少注意力分散、多动和易冲动情况。

■ 误解2：用药会让孩子成瘾

很多人都有这样的误解，即对孩子用药基本上就是在让孩子成为一个不折不扣的瘾君子。最近有一个家长对我说："我担心给孩子用药相当于我不但默许孩子吸毒，而且还在教孩子如何吸毒。"

事实是，如果孩子的注意力缺陷过动障碍得不到治疗，则更容易吸食违禁药品。如果严重的注意力缺陷过动障碍得不到有效的医学治疗，会导致未来生活中出现更大的问题。研究人员已经证明，患有注意力缺陷过动障碍的儿童，如果需要但却没有接受药物治疗，更有可能产生学习上的或者社交上的问题，也会更容易吸食毒品。

同时，让一位医生为有毒瘾的孩子开具兴奋剂类药物也是非常危险的。我曾经见过很多青少年吸食并且向其他人兜售兴奋剂。滥用药物的孩子需要精神治疗专业人士的悉心照顾，如果担心孩子有毒品滥用的倾向，那么用药就要严加监控。

■ 误解3：兴奋剂及其他药物副作用大、不安全

似乎很多家长都和我说过，他们担心药物的副作用。他们一般指的都是阿德林（Adderall）和专司达（Concerta）等兴奋剂药物。

很多针对长期服用兴奋剂药物的研究都表明，兴奋剂可以安全用于治疗，在过去的60年当中，已经成功地治疗了数百万儿童和成年人的注意力缺陷过动障碍，到目前还未有明显的长期副作用。然而，任何药物包括可以在药店买到的药品都有可能在一些个体上产生潜在的副作用。

研究还表明，大约有20%的服用兴奋剂药物的儿童会感到有短暂轻微、短期的副作用出现，但是，这些副作用可以通过调节药量和服药时间来缓解。在这20%的儿童当中，有一些经历了非常严重的副作用，影响了长期服药。这些副作用包括痉挛、睡眠问题、胃部以及肠部不适、

头疼、食欲减退、嗜睡、易怒、紧张等。在极少数情况下，兴奋剂药物还可能导致神经性抽搐、幻觉、行为异常等。然而请记住，严重的副作用实为罕见，也属于例外。

同时我也了解，以上的这些关于副作用的叙述，会在家长考虑为自己的孩子用药时引起恐慌。所以，还要指出，很多经过严格控制的研究发现，适当服用精神类兴奋剂药物是安全的，副作用微乎其微，即使发生了副作用，很多也是短期的，减少药量即可消除。尽管了解了以上内容，我仍然建议家长与孩子的医师探讨相关问题和顾虑。

■ 误解4：用药会让孩子成为行尸走肉

我记得，有一位母亲萨拉担心她14岁的孩子，塞尔吉奥“用药之后会成为一具行尸走肉”。我虽然没法打消这位母亲的所有疑虑，但是我向她保证，我从没见过儿童服药之后产生严重消极的性格变化。尽管有些孩子的确服药后变得反应迟钝、孤僻，但这些症状基本上都是因为药量过高引起的，或者孩子当时有哪些情绪问题还没有被发现。总体上研究显示，服药不会将孩子变成“僵尸”，相反，借用兴奋剂的治疗，会提升注意力缺陷过动障碍儿童的积极社交行为。

■ 误解5：只有兴奋剂能治疗注意力问题

尽管兴奋剂类药物是用途最为广泛的治疗注意力缺陷过动障碍的药物，但是其他种类的药（比如抗抑郁、抗焦虑类的药物）对治疗也是有帮助的。如果孩子还患有其他精神健康问题，那么这些药物的作用将更加明显。总的来说，如果医师要做出用药决定，那么判断注意力分散问题的根源就至关重要。我见过很多孩子有注意力不集中问题，但同时也被诊断患有抑郁、焦虑等问题。正确用药之后，这些孩子的注意力问题得到了很大的改善。

兴奋剂类药物与发育

很明显，兴奋剂药物影响发育，对于家长来说是一个巨大的担忧。因为该问题广受关注，我在此单独进行讨论。

有关兴奋剂类药物是否影响孩子发育的问题，最具权威的资料来自于美国国家心理卫生研究院（National Institute of Mental Health，NIMH）所进行的研究。研究结论是，治疗注意力缺陷过动障碍药物具有一定的抑制生长的作用，但是作用非常微弱。另外一项研究显示，服用利他林等药物的孩子，每年药物对孩子身高的抑制作用在半英寸左右。但是，研究人员将数据与美国儿童的平均生长情况做比较，结果用药儿童平均生长仅落后1/8英寸，这就让研究结果失去了结论性。

总的来说，用药与否因人而异，最好向孩子的医生咨询之后再做决定。但是，即使用药有一些风险，会抑制孩子的生长，但这些风险可能远小于不接受治疗所带来的问题。患有注意力缺陷过动障碍的儿童，如果不接受正确的治疗，就会造成比较严重的结果，诸如辍学、无法与同伴相处、自尊心受到打击、吸食毒品，还可能引起少年犯罪。

认真跟进治疗效果

我能理解，家长一般希望孩子只在必要时服药。正如前文所说，跟进治疗效果是关键一环，决定了孩子未来对药物的需求。对一些患有ADHD的儿童来说，随着年龄的增长，症状会逐渐消失，这时再继续用药就是没有必要的。但是对于很多其他孩子来说，可能直到青春期和成年早期都会受到病症的困扰。孩子对兴奋剂药物的需求随时间变化，很多专家建议用药量应一年评估一次。

我见到越来越多的家长和孩子在不询问医师的情况下就停药或者恢复药物治疗。很显然这不是明智之举，所有用药决定都必须得到医师允许。

考虑用药时应斟酌的问题

在决定是否给孩子用药的时候，请考虑以下重要问题。以下所有内容均可以和孩子的专业医疗人员讨论。

- 注意力不集中问题何时开始困扰孩子？
- 孩子出现这种状况的时间有多长？
- 注意力分散问题是否持续对孩子产生影响？影响有多严重？
- 在什么情况下注意力问题最为严重（学校、家庭，还是社区活动）？
- 孩子的注意力问题达到什么程度（轻度、中度还是重度）？
- 关于孩子的注意力问题，之前的老师、医生以及他本人是什么意见？
- 对孩子尝试用药之后能否看到一些药效？
- 孩子是否会配合用药？

- 药效是如何监控的？

替代疗法

替代疗法用以替代传统的医学治疗方法（比如处方药治疗）从而达到治疗或者治愈疾病的目的。关于替代疗法，比如食疗、草药、鱼油、生物反馈、咨询辅导（很多人认为咨询在治疗注意力问题上是替代疗法）以及其他方式是否对病情有所帮助，仍然存在争议。很多家长都跟我说，一想到替代治疗的种种方案，他们就觉得无从下手。实际上，我敢确定，即使花上一辈子也研究不完互联网上千奇百怪的解决专注力问题的各种药方。然而总的来说，这类疗法的药效还未经过权威研究的认定。

但是我也承认，现在有越来越多的人在鼓吹各种治疗注意缺陷问题的替代疗法和天然疗法。20年以前，我大学刚毕业的时候，总是会否定任何没有在权威医学杂志上刊登过的药效结论。但是，随着时间的推移，我的想法也发生了变化。比如，如果一个家长还和孩子告诉我，简单改变一些饮食习惯（比如不吃香蕉）就会对孩子的注意力问题有非常显著的改善，你觉得我应该跟谁争执呢？对于一些轻度的注意力分散问题，使用一些替代疗法，的确对控制病状很有帮助。但是在一些更为严重的病例当中，患者可能需要接受传统的治疗。有一点应该记住，替代疗法的作用一般只有一些偶发事件报告给予证明，并没有经过科学实验的验证。如果接下来我所提到的替代方案你觉得有用，也请和孩子的医师沟通这些方法的安全性，以及如何使用这些方法来缓解孩子的注意力问题。和使用任何医疗产品、进行医学实践一样，要使用替代疗法，就要咨询有资质的医师。

请记住，饮食补剂不需要获得美国食品及药物管理局（FDA）的许可就能推广上市，这就意味着现在FDA还没有具体的规定来限制饮食和药物补剂，并没有为这些补剂的生产建立最低标准。

一个让人不安的事实就是，制造这些产品的企业仅仅负责制定自家产品的指导意见，所以基本上只能由制造商来保障食用补剂安全，并且包含所标称的各种原料。因此，如果购买这些补剂，最好找一家知名的信誉较为良好的企业。

■ 各种补剂

因为，下列补剂并未受到FDA的监管，所以制剂的性质、纯度、质量、药效以及成分也许并不能达到你和孩子的要求。但是与此同时，我也有很多的客户声称这些补剂起到了一定的或者是显著的作用。下面列出了制造商建议能够缓解轻度注意力问题的各种补剂。

不饱和脂肪酸　近来各界日益关注不饱和脂肪酸对于减少缓解注意力分散方面的作用。不饱和脂肪酸又称鱼油，因为是在鱼的体内发现的。事实上，在各种有助缓解注意力问题的补剂当中，不饱和脂肪酸可能是最有用处的。

不饱和脂肪酸补剂的作用原理就是，大脑60%是脂肪，所以需要相应的脂肪酸才能正常运转。患有注意力缺陷过动障碍的儿童缺乏某些脂肪酸，因此需要补充才能恢复脑功能的平衡。根据补剂制造商的观点，不饱和脂肪酸能够支持脑部细胞膜的润滑、神经传递和一些其他脑功能的发育。

一些研究显示，为孩子的膳食加入不饱和脂肪酸能够帮助控制注意力问题的症状。有些理论家认为，与平均水平的孩子比较，不饱和脂肪酸水平低的孩子更容易脾气暴躁，行为更容易出现问题，在行为、学习、健康以及睡眠上更容易出现问题。不饱和脂肪酸价格并不昂贵，而且只要用量正常，也没有副作用，是应该服用的。但是我仍然建议，家长在给孩子选用补剂之前和医生进行沟通。

大剂量维生素和矿物质 几乎没人会反对维生素有助增进身体健康这一事实。但是有些人的观点更为激进，即让患有注意力缺陷过动障碍的儿童服用大剂量的维生素（比如，维生素B_6和B_{12}），锌、镁等矿物质和微量元素以及其他营养元素，认为能够帮助减轻注意力分散的症状。然而到目前为止，还没有可靠的医学研究能够证明这一理论。事实上，让孩子摄取大剂量的某些维生素和矿物质可能是非常危险的，即便是你认为孩子的营养不均衡，也应该先向孩子的医生进行咨询。有些孩子和家长可能通过服用大剂量的维生素和矿物质，症状有所缓解，但总体来讲，这一做法并不推荐。

草药 无论是在健康食品店还是网络上，都有各种的药方专治儿童的注意力缺陷过动障碍。但是到目前为止，仍然没有证据能够证明各种草药在治疗该病方面有着明显的作用。

最流行的治疗注意力缺陷过动障碍的药物包括银杏叶、高丽参和植物镇静剂（比如缬草和香蜂叶）。银杏叶能够促进脑部循环，已经有证据证明银杏叶能显著改善健康成年人的智力以及其他认知功能。据称，西洋参能够帮助强化身心，减少压力。西洋参提取物还能够提高健康成年人的记忆力和注意力。

无论接受药物治疗与否，患有注意力缺陷过动障碍的儿童常常会有睡眠问题。无论如何，睡眠不好当然会削弱注意力、学习能力和行为能力。据报道，缬草可以改善睡眠问题。再次强调，无论是让孩子尝试哪种非处方药、天然或者还是合成产品，都应该遵循医嘱。

饮食调整　几年以前，儿科及过敏症医师本·范尔哥德（Ben Feingold）博士名声大噪，因为他断言机体对一些食用添加剂的反应是造成近一半ADHD病例的原因。他还声称患有ADHD的儿童只要接受了他的膳食处方，50%都有了显著的改善，可以停止服用兴奋剂药物了。然而，范尔哥德的饮食计划在学界看来仍然是缺乏研究证明的。

尽管缺乏依据证明在饮食活动和注意力缺陷过动障碍症状之间存在着必然的联系，但这并不意味着改变饮食对儿童就无济于事。很多家长都建议，某些食用色素以及添加剂都会加重孩子的注意力问题。一位家长向我坦言，去除了孩子饮食当中的诱惑红和柠檬黄，的确提升了孩子的专注时间。我鼓励她将这个发现告诉孩子的医生。诱惑红主要用于生产垃圾食品，柠檬黄则是一种人工色素，常见于胶质甜食、糖果和烘焙类食品当中。此外，原因还可能是这类食品含糖量高于大部分食物。

但相反的情况是，很多家长都告诉我，限制孩子的饮食所需要的时间和精力都是相当多的，但是相应的注意力问题的改善却微乎其微。一位母亲是名训练有素的自然治疗师，对饮食和营养有着广泛的了解，而且和13岁的儿子有着亲密的关系。即便如此，她也没法控制孩子对巧克力的喜爱，往往事与愿违。显然，巧克力并不在“允许摄入的食物”范围之内。

有些人也认为，食物过敏是造成注意力缺陷过动障碍的原因之一。

人们常常提起的疾病罪魁祸首包括奶制品、小麦、玉米、柑橘、草莓、蛋类、巧克力和花生。如果你怀疑孩子也许对上述食物过敏，那么请和营养师或者过敏症医生探讨这些问题，然后再从孩子的食谱当中将这些食物去掉，同时要能够保证孩子始终能摄入成长所需的所有营养。

少吃糖 尽管很多研究都验证了糖和多动症间存在着可能的联系，但并没有发现二者之间直接相关。尽管如此，一些家长仍发誓孩子是由于吃了含糖量过多的食物而变得多动。我记得，有一个十几岁的姑娘，不吃糖几年以后，有一天又吃起了冰激凌和糖果，她因此变得非常多动而且全身不适。

减少糖的摄入量并不会有什么问题。美国农业部的资料显示，美国儿童每天摄入的糖是推荐值的两倍。但究竟糖分的摄入是否和儿童注意力问题直接有关，结论仍不明确。

限制碳水化合物的摄入 有些人也认为，饮食当中如果含有大量的碳水化合物，将造成血糖水平忽高忽低，从而加重注意缺陷问题的症状。实际上，有一些证据表明，患有注意力缺陷过动障碍的儿童更爱吃糖，尤其是提纯的或者简单碳水化合物，比如，蔗糖和水果。在一部分案例当中，摄取这些食物的确会加重病症。所以这一理论的支持者们推荐避免食用简单碳水化合物，取而代之的是蛋白质和富含纤维素的食物，比如肉类和蔬菜。但是总的来说，碳水化合物如今受到了广泛的关注，原因是可能会造成肥胖，而不是注意力问题。

顺势疗法 几年以前我有一个客户曾经固执地决定，不为她12岁的女儿采用兴奋剂药物治疗。他去咨询了一位德高望重的顺势疗法医师，给孩子试用了很多种治疗方案。顺势疗法的理论是，一些潜在的有毒物质，如果稀释到剂量极低的程度，就能够触发身体的自然的修复过程。这个小姑娘的注意力问题确实有了轻微的缓解，但是仅仅持续了两个月。

我也见过有一些注意力分散的孩子，声称通过顺势疗法获得了更大的改善。但是，因用药而病情好转的儿童数量明显更多。我觉得，这些客户给我的反馈非常重要，我认真的倾听他们自己的观点。他们认为，顺势疗法能够显著的改善注意力缺陷过动障碍的症状，但同时要指出，现阶段并没有可靠的研究能够表明顺势疗法是一种可靠的、有效的疾病治疗方法。

■ 生物反馈

一些人认为生物反馈或者神经反馈，也会帮助缓解包括注意力不集中在内的注意力分散障碍症状。生物反馈的目标就是，教会某一个体如何镇静下来，提高专注度。现在市售有不同种类的生物反馈治疗机器，但是这些机器都是用来帮助控制身体对于压力的不同反应指标，比如脉搏、呼吸频率和肌肉紧张度。在过去一些年中，我辅导过的一些孩子接受了几个疗程的生物反馈治疗，我也看到过一些积极的治疗结果符合研究结论：生物反馈对治疗焦虑相关的问题确有其效。

在接受生物反馈治疗时，医生会将孩子和机器连接起来，机器开始会显示一些基本的体征数据，然后会显示孩子的脉搏加快，这样就能表明他或是沮丧或是兴奋，之后会显示孩子的脉搏减慢，说明孩子成功地将让自己镇静下来。最终，生物反馈疗法会让孩子在不使用机器的情况下，调节自身的情绪。

尽管生物反馈疗法会帮助减少焦虑等症状，但却没有证据显示该疗法能够减少注意力分散的症状。生物反馈治疗需要几个疗程才能见效，而且效果也许仅在治疗期间比较明显。总之，仍然未有权威的研究来验证生物反馈治疗的确能够医治注意缺陷障碍。

■ 心理咨询

对孩子进行心理辅导时，我并不保证任何孩子经我辅导后注意力分散症状都能够得到缓解，然而，我的确使用了很多本书中的方法来辅导孩子和家长，而且我也推荐使用这些方法。我还尝试着帮助家长和孩子，制定一些双方都认可的注意力问题管理目标。

现在，你可能知道了，我的观点就是让孩子能够受到父母的认可和理解。在我辅导孩子和家长的时候，总是会强调理解孩子的困难能够帮助家长更好地做出明智的决定。对于家长来说，最大的困难之一，莫过于区分什么事孩子能做，什么事做不了。很多孩子因为难以专注，自尊心都受到了严重的打击，因为父母认为孩子不听话、孩子笨或者懒惰。而我的工作就是帮助化解家长和孩子之间的这种误解。

我也会教孩子适当地将自身的问题和注意力问题联系在一起。同时，我还提示他们不要用注意力分散障碍来当作借口。最重要的是让孩子能够为自己的行为负责。

另外一个心理辅导的目标就是修复原本已经破裂的关系。注意力分散障碍能够影响孩子与家人、同龄人、老师和伙伴的关系。基于这个想法，我试着教育孩子的伙伴，让他们了解有关注意力缺陷过动障碍的知识，这能够帮助其他孩子更好地理解这一问题，从而在治疗当中更加配合，发挥更加积极的作用。

专注力问题还会严重的影响家长的夫妻关系，所以，家长要积极合作，共同解决孩子的注意力问题。家长也许还要诉诸婚姻疗法，避免各种问题不断地影响到二人的婚姻关系。

■ 体育锻炼

一种常见的错误认识就是，孩子们如果患有注意力缺陷过动障碍，就需要进行更多的体育锻炼来缓解注意力问题。我曾经辅导过一个13岁的多动的小姑娘，也有注意力问题。在整个辅导期间，这个孩子一直在我的办公室里跑来跑去。我和他妈妈开玩笑，如果将这个孩子放在踏步机上，连上一个发电机，那么小姑娘的运动可能足够为整个社区供电。

我相信，运动和参与某些体育活动，能够在某种程度上给患有注意力缺陷过动障碍的孩子一个宣泄的途径，能够由此建立信心，提高专注度，交到更多的朋友。我也知道，有些体育活动，比如空手道，需要很高程度的专注度，有时这样的活动也能够在一定程度上延长孩子们的注意力时间。孩子参加活动越多，积极的改善就会越多，能够提高注意力时间，提高专注度，让孩子更加配合、更加灵巧，社交行为更加得体。但是，参与这些活动是不是能够切实提高孩子的学习成绩或者社交判断力和自制能力，尚不得而知。

■ 学习艺术

有些人认为让孩子参加创意活动，比如画画、听音乐、跳舞能够帮助孩子镇静和专注。患有注意力缺陷过动障碍的儿童经常无法控制自己的情绪，这些活动能够帮助他们平静下来。

比起这些活动会不会对孩子起作用，作用会持续多长时间更有争议。有一些孩子的确会喜欢音乐或其他类型的艺术表现形式。对任何孩子来说，能够找到一种创意活动，让孩子在这方面得到精进，表达自我，是一个非常好的树立自尊的方式。当然，如果孩子希望吹号或者敲鼓，那么家长就要特别注意，也要配备消噪耳机。

■ 其他替代疗法

也有很多其他的替代治疗方法，声称能够帮助缓解注意力问题的症状，比如，磁疗、声音治疗、视觉训练、脊柱按摩治疗以及避免食用酵母等。尽管所有这些治疗方案都不乏支持者，但是却没有权威的科学研究能够证明，这些方法能够有效地长期缓解注意力问题的症状。

我还要鼓励家长，不要否定普通方法的价值。比如，要确保孩子晚上能够睡好、吃好，让他觉得和家长的联系非常紧密，这些都是帮助孩子的长期必备方法。

第九天 总 结

今天你了解了可以选择使用药物治疗和替代疗法来缓解孩子注意力问题。请记住以下几点：

- 药物尤其是兴奋剂类药物，能够有效帮助大多数孩子缓解ADHD。
- 即使孩子因为服用兴奋剂类药物病情得到缓解，但是也有可能存在着其他的学习上的、行为上的困难，需要其他形式的干预才能解决。
- 多数孩子只要监控得当，就不会经历长期的副作用。
- 家长一定要将他们的问题和疑虑同孩子的医生进行探讨。
- 孩子对于药物的反应可能会随着时间的推移而变化，而孩子对药物的需求也会随之变化。定期考察这些问题十分关键。
- 替代疗法，比如饮食变化、天然疗法能够对一些病例起到帮助，缓解注意力分散，鱼油补剂可能是最为有效的一种方式。然而，一定要记住，对于大多数的饮食或药物补剂来说，并未有明确的科学研究证明这些药剂对于治疗注意力分散问题的有效性。
- 书中所提供的方法，可以单独使用，也可以与药物配合使用。

DAY 10

第十天
优秀的专注力需要持久培养

本书的最终目的是想给各位提供最有效的方法和策略，尽我所能为你的孩子带来积极并深远的影响。我希望，在你按照要求使用了本书中的方法后，孩子的专注力大有改善。当你学习完了今天的课程后，我建议你将本书中所有的观点和策略融入生活，因为它们是屡试不爽、经久不衰的。

我知道，你一定希望孩子不论是在眼下还是在将来遇到困难时，都能学会使用这些解决问题的小技巧。而让孩子欣然接受这些小技巧的办法，则是培养他的合作精神，激发起她对成功的热情。想让孩子随时随地灵活地使用出这些方法，那么冷静、坚定和非强制性的方法是必不可少的，不论你的目标是将孩子的大目标变成更可行的小目标，还是在他处理同龄困难时都是如此。你越理解孩子，越设身处地，越支持他，孩子就越愿意与你配合，更加支持你。

今天，我将要向你介绍最后的几个方法，告诉你怎样做才最能够免除后顾之忧。你在使用本方案之前，就已经决定要帮助孩子克服分心问题。

到目前为止，你已经学会了许多方法，帮助孩子在学习、情绪管理、社会问题方面取得成功。我建议你将自己看作孩子的教练，陪他一起克服困难。要知道，熟能生巧，勤能补拙。

未雨绸缪

我常见到许多分心孩子在刚要克服困难的时候，一下子跌回了原点。例如，许多成绩不理想的孩子课业成绩刚赶上来没多久，就很容易被再次打败，成绩又跌了回去。为此，从整体上来看，请记住要做到未雨绸缪，时刻谨记，孩子是很容易跌回原点，或者再次遇到困难的。千万不要认为孩子取得的进步和改善来得很容易。

未雨绸缪小方法：

- 抽时间同孩子聊聊接下来要完成的学校作业和项目（我发现周日的晚上是一个不错的选择）。
- 不断鼓励并支持孩子。
- 切记在与孩子谈论学校的事情或者生活中的其他事情时，要时刻保持冷静、坚定，不要控制欲太强。你做得越好，孩子就越信任你，在问题还没有堆积如山之前就向你倾诉。
- 保持乐观心态，挑好事儿说。例如，你的孩子在闹完脾气后，才会更加高效地完成学校作业。让他马上写作业对你来说或许是最合适的方法，但其实对他未必是这样。
- 要明白有的时候，最好的检查方式就是保持与老师、其他家长、教练或者孩子生活中其他人员的沟通，跟进作业或其他活动情况，确保孩子和他人保持良好的联系，形成对他人的积极影响。

挫折并不意味着失败

无论孩子之前取得了多大的进步，家长多么用心未雨绸缪，孩子未来的生活依然会面对很多的沟沟坎坎。无论是在与同伴相处过程中，还是在学校、家和社区当中，孩子都会面临着种种挑战，必然会受到一些挫折。但是，家长要记住，挫折并不意味着失败，相反，挫折是宝贵的机会，能够促进学习，自我提高。

请注意，孩子在受到挫折、压力或者是经历因困难和挑战引起的负面情绪时，注意力分散问题会再度出现。所以家长们要记住，即便孩子经历了挫折，也是再正常不过的。无论是家长还是孩子，如果感到失望沮丧，那么请回想一下这10天以来你所付出的艰苦努力和取得的重大进步，心情就会多云转晴。

如果孩子的注意力开始分散，那么请参考以下这些小方法，有助于家长帮孩子保持注意力，防止专注程度不断下滑。

- 回忆家长和孩子共同取得的积极进展，探讨一下。孩子也许会表现得不以为然，但是在内心深处，他肯定希望听到好消息。

- 家长和孩子讨论问题的时候，一定要有针对性。探讨任何话题时，都应该保持冷静，不要咄咄逼人，语气应该沉稳，有理有据。避免使用“总是、从不或者应该”一类的词语，这类词语会引起孩子的逆反心理。保持冷静、坚定，克制自己的控制欲，这样会帮助你和孩子有效地沟通，也会让他自己更了解自己。

● 要谨防家长可能会有的一些消极行为，比如为了改变现状而要求过高、严厉批评、下达根本不切实际的最后通牒、威胁孩子、挖苦孩子。

● 如果家长也灰心丧气，最终大发雷霆，事后也要真诚地向孩子道歉。

● 能够站在孩子的角度思考他们的问题行为，但不能允许问题行为再次发生。

● 抓住孩子的积极行为，给予鼓励。

● 倾听孩子所经历的挫折，并且给予理解。

● 在挫折面前保持乐观。

● 有爱心有礼貌。

● 如果有必要请和朋友或者一位训练有素的精神健康专业人士探讨自己犯错误的原因。

不要过分关注结果

我经常发现，有些尽心尽力的家长最终决定放弃，只是因为孩子并没有取得他们所预期的巨大进步。如果你有这样的想法，请记住只要一直坚持帮助孩子，总有一天一切会水到渠成。

家长当然想要不断看到，孩子能够更有效地管控自己所遇到的问题，学习生活更加从容，但是戒酒互助会有一句话说得好：“要的是进步，不是完美。”尽到自己所能，不要过分强调结果。也许孩子永远上不了光荣榜，也许孩子成绩始终是B、B-或C，但是尽力了就可以了。不要一直逼自己和孩子，也不要对孩子太苛求，要不断鼓励孩子每件事情都尽全力去完成。

忘掉“别人家的孩子”

最重要的是帮助孩子努力做到最好，而不要跟其他孩子或者让自己的孩子跟其他人比较。难以专注的孩子经常会觉得低人一等。要想真正成功，孩子就需要你的支持，而不是以恐惧为基础的消极的激励，不是在与其他孩子的比较中成就自己。

还记得迪士尼动画当中的“龟兔赛跑”的故事吗？兔子和乌龟决定赛跑。兔子走路昂首挺胸，有些傲慢。赛跑过程中，它停下来打了个盹，之后还与其他兔子聊天，不断地向别人炫耀自己。后来听到了观众的欢呼声，乌龟已经快要到终点了，这时兔子才奋起直追。但最后的冲刺于事无补，长脖子的乌龟还是获得了胜利。我始终认为，这部动画特别适合难以专注的孩子，因为它讲述了最实在的道理。这些注意力不集中的孩子可能需要更长的时间和更多的努力才能达成一个目标，但这些孩子往往最终能够实现目标，有时甚至能拔得头筹。

应该为自己孩子的角色而感到高兴，帮助孩子认识到他并不处于弱势。孩子也许要比其他孩子更加努力，但是这并不意味着他应该放弃。要让孩子明白，即使拿不了第一，成不了典型的乌龟王者，他仍然能够成为自己的人生赢家，因为他始终坚持，没有放弃。

充分利用各种资源

很多难以专注的孩子家长，都没有充分利用学校以及其他第三方给予的帮助。基于这种情况，我鼓励家长：

- 不断与孩子的老师和学校其他人员建立积极的关系，鼓励孩子的新老师和孩子聊一聊以前的老师。
- 充分利用本书中所介绍的各种方法，如果有必要，请在医生的指导下用药。
- 做好记录。医学评估、行为咨询、其他以前的学校记录都会对制定孩子的教育方案有所帮助。
- 根据需要，公开定期与校方老师、孩子、孩子的医生以及其他精神健康专业人士交流有关孩子的重要信息。

记录成功事例

很多时候，做记录能够帮助家长正确地看待和评价所做出的努力和采取的措施，因此，我鼓励家长回顾所有和孩子共同取得的积极进展。在这本书的开篇，我曾经建议过家长，做一个成功案例日志。如果你做了，那就一直做下去，如果还没有，那就考虑现在动手开始。如果记录的案例证明注意力问题有所缓解，就应该再接再厉。

一位母亲觉得做记录对自己十分有帮助。我从中随机选取了3天的记录，样式如下：

周一：布莱恩很诚实，他承认还有一些作业没有完成，但是我冷静、坚定地督促他，之后他就开始写作业了。

周二（第二周）：布莱恩诉我，老师对他不耐心，这让他很受挫。然而，孩子却没有让这件事影响他开始写作业。

周五：布莱恩告诉我，他和一个小伙伴发生了争执。但是，他能够以开放的态度看待自己的问题。

原谅自己的失误

难以专注的孩子总是有本事让家长和老师气急败坏，因此，家长也很容易失去耐心，变得焦躁、懊恼，失去冷静坚定的、克制控制情绪的态度。如果出现这种情况，请给自己放松的时间。原谅自己并不意味着家长不应该努力指导支持孩子成长、独立，而意味着家长不应该因为自己没有达到预期，过多地责备自己。原谅就是避免自我贬低、羞辱、痛恨自己，或者跟自己生气。今天是一个新的开始，很多方面的问题都能够得到改善，重新为自己定一个目标，全力以赴，同时，不要对自己太苛刻。

保持精力充沛

为了避免孩子的注意力分散，打消家长的积极性，我鼓励家长们照顾好自己。不妨列一个成功案例表，并且原谅自己的失误。这些都是鼓励自己的重要方法，除此以外，还可以用以下的方式鼓励自己：

- 多交有帮助的、乐观的朋友。与有相同境遇的家长谈谈，比如去参加一些美国过动儿协会的会议。真心接受他人的夸奖。

- 请记住，务必要和自己的孩子、家人、朋友共同组织，享受快乐的时光。
- 不要站在孩子的对立面，尽量不要让孩子产生防御心理。再次重申，保持冷静、坚定，克制自己的控制情绪，会让你积极乐观。
- 平衡好精力，满足家中其他孩子和伴侣的需求。
- 充分挖掘自己精神方面的自我支持。
- 与朋友保持紧密的联系，试着寻求朋友的支持和帮助。
- 怀着感恩、健康的心态看待自己的所得。
- 培养新的爱好，比如园艺、缝纫、健身。
- 参加自己喜欢的讲座（除去注意力课程以外）。

你的孩子会进步

请记住，难以专注的孩子总有各种负面情绪，总觉得自己会失败。而且未来也许并不明朗，家长也不知道孩子在克服注意力问题上究竟结果如何。对于一些孩子来说，症状随着年龄的增长不断消失，而且这些孩子也能学会如何去适应环境。但是，另外一些孩子则会因为基因的原因，倾向于长期注意力分散。所以家长要记住，有些孩子在成人之后能够很好地适应环境，那是因为他们的家长都是充满爱心，不断支持帮助孩子，与老师、精神病工作者以及医生通力合作。

很多家长都犯过这样的错误，告诉孩子未来将会多么艰难，希望以此来激励孩子，但这样会适得其反，让孩子自己觉得能力不足，感到羞愧，无法帮助孩子成功。正确的做法是，告诉孩子，尽管他会受到注意力分散的困扰，但经过努力仍然取得了成功，家长感到非常骄傲。

放眼未来，只要按照本书当中的内容坚持去做，就能够帮助抵御孩子消极想法的影响，以下建议将有助于帮助孩子不断进步：

- 将孩子置于容易成功的环境当中。无论是在学校，还是在和同伴相处的过程中；无论在舞蹈课上，还是参加辩论队、踢足球，家长都该和孩子共同庆祝一些小成就，以此不断地鼓励孩子，这会帮助孩子建立自信。
- 帮助孩子发现并且制定目标。一旦孩子完成了目标，提醒他生命当中还有更大的目标等待完成。
- 强调只要坚持不懈，就能够克服困难。

你也会进步

我深知照顾难以专注的孩子绝非易事。每天都给自己和孩子一个全新的开始，每天都取得一些进步。孩子非常幸运，因为父母（以及他人）非常关心他们，希望能够帮助他们。有了这样的父母，孩子一生就有了巨大的优势。在未来的生活中请注意以下几点：

- 制定时间安排。以冷静、镇定、非控制的方式，与孩子一起制定时间安排，明确何时起床、吃饭、玩耍、做作业、做家务、看电视或者打游戏、睡觉。不断回顾时间安排，看看哪些、哪种安排最为合适。在安排时间的同时，也要保持灵活度。每次改变计划之前都和孩子讲清楚。
- 提醒孩子将繁杂的任务切分成小步骤来完成。孩子越是能够化繁为简，表现就会越出色。

- 关注孩子的努力，不要太重视结果。如果孩子尽力想完成作业，就要表扬孩子。不要只在孩子拿高分的时候才给予肯定。可以在孩子取得好成绩时给予额外奖励。
- 多跟孩子老师沟通。尊敬老师，尝试着与老师建立紧密的关系。老师越了解家长的疑虑，越获得家长的肯定，就越愿意为孩子尽心尽力。
- 化繁为简。跟孩子讲清楚你的期许是非常重要的。清晰、冷静地告诉孩子，你具体有什么要求。确保指令简短明晰。让孩子重复你的指令。
- 悉心监督孩子。尽管孩子可能已经取得了很大的进步，但是，仍然有可能任性冲动。对孩子生活中的各种活动、情景，都要时刻关注。

写在最后的话

请记住，你在照顾的不仅仅是一个有注意力分散问题的孩子，同时也是在照顾一个天赋异秉、独一无二的孩子，请珍惜孩子的特质。也许孩子的创造力、主动性、观点都和你我不同，但这并没有什么大碍。家长的任务是给孩子打好基础，同时给孩子插上一对翅膀。基础，就是能够应对生活当中的种种挑战，克服种种困难的安全感和自信。翅膀，就是不断前进和管理生活的能力。经过了这十天的学习，你让这双翅膀更加丰满了。家长对孩子始终如一的爱和鼓励，也会托起这双翅膀，飞得更高。

我非常期待，也非常重视读者们的反馈，请随时通过我的网站与我取得联系：www.drjeffonline.com。

“常青藤”书系—中青文教师用书总目录

书名	书号	定价
特别推荐——从优秀到卓越系列		
从优秀教师到卓越教师：极具影响力的日常教学策略（入选浙江省教师节用书）	9787515312378	33.80
从优秀教学到卓越教学：让学生专注学习的最实用教学指南	9787515324227	32.00
从优秀学校到卓越学校：他们的校长在哪些方面做得更好	9787515325637	33.80
卓越课堂管理	9787515331362	68.00
名师新经典/教育名著		
如何成为高效能教师（美国最畅销教师用书，销量超过350万册，最专业、最权威、最系统的教师培训第一书）	9787515301747	68.00
给教师的101条建议（增订图文版）(《中国教育报》“2009年最佳图书”奖）	9787500673842	27.80
改善学生课堂表现的50个方法：小技巧获得大改变（入选《中国教育报》2010年和2011年“影响教师的100本书”）	9787500693536	23.80
改善学生课堂表现的50个方法操作指南：小技巧获得大改变	9787515334783	29.00
优秀教师一定要知道的17件事（美国当前最有影响教育畅销书作者全新力作）	9787500671961	23.00
美国中小学世界历史读本 / 世界地理读本 / 艺术史读本	9787515317397等	106.00
美国语文读本1–6	9787515314624等	252.70
和优秀教师一起读苏霍姆林斯基 / 卢梭 / 福禄培尔 / 蒙台梭利 / 杜威 / 马卡连柯	9787500698401等	150.00
怎么做孩子会爱上学习（入选“21世纪中国教师必读的百种好书”，《中国教育报》“2010年影响教师的100本书”）	9787500685968	22.00
快速破解60个日常教学难题	9787515339320	33.00
教师成长/专业素养		
成为顶尖教师的10项修炼	9787515334066	35.00
T. E. T. 教师效能训练：一个已被证明能让所有年龄学生做到最好的培训项目（30周年纪念版）	9787515332284	39.00
教学需要打破常规：全世界最受欢迎的创意教学法	9787515331591	33.00
高效能教师如何带领学生取得优异成绩	9787515328980	39.00
★ 10天卓越教师自我培训（教育家安奈特·布鲁肖顶尖卓越教师培训教材）	9787515329925	29.00
给幼儿教师的100个创意：幼儿园班级设计与管理	9787515330310	29.00
给幼儿教师的100个创意：为幼升小做准备	9787515329130	29.90
给小学教师的100个创意：发展思维能力	9787515327402	29.00
给中学教师的100个创意：如何激发学生的天赋和特长 / 杰出的教学 / 快速改善学生课堂表现	9787515330723等	87.90
以学生为中心的翻转教学11法	9787515328386	29.00
如何使教师保持职业激情	9787515305868	29.00
★ 如何培训高效能教师：来自全美权威教师培训项目的建议	9787515324685	32.00
★ 良好教学效果的12试金石：每天都需要专注的事情清单	9787515326283	29.90
★ 让每个学生主动参与学习的37个技巧	9787515320526	28.00

	书名	书号	定价
	10分钟教师培训：卓越教师的40个快速训练法	9787515320519	32.00
	高效能教师的时间管理法	9787515321073	35.00
★	凭什么让学生服你（增订版）	9787500675204	26.00
	高效能教师备课完全指南：英国最权威的备课指导用书	9787515312361	23.80
	师范学院学不到的：应对学校一切的锦囊妙计	9787500679455	28.00
	提高学生学习效率的9种教学方法	9787515310954	27.80
	优秀教师是这样炼成的：用心教育	9787500672555	23.80
★	教师一定要思考的四个问题：今天，我们怎样做教师（增订版）	9787500668565	27.90
	下课后来找我：资深教师给同行的建议	9787515307114	28.00
★	教师应该做到的和能够做到的（白金版）（美国中小学教师指定培训教材）	9787500669401	33.00
	给年轻教师的信：真希望我年轻时就懂的道理	9787500696834	23.00
★	优秀教师的课堂艺术：唤醒快乐积极的教学技能手册	9787500654001	26.00
★	教师职业的9个角色（白金版）（美国国家教育学会教师教育委员会、哥伦比亚大学教育学院推荐书目）	9787500681014	23.80
	如何成为优秀教师：英美教师职业成长"圣经"	9787500672920	26.00
★	万人迷老师养成宝典（珍藏版）（入选《中国教育报》"2010年影响教师的100本书"）	9787500689300	23.00
	高效能教师的9个习惯	9787500699316	23.00
★	好老师可以避免的20个课堂错误（白金版）（入选《中国教育报》"2010年影响教师的100本书"）	9787500688785	21.50
	教师、学生和家长焦点难题解决方案（升级版）（入选《中国教育报》"2011年影响教师的100本书"）	9787500672906	35.60
	好老师说服难缠家长的16堂课（入选《中国教育报》"2010年影响教师的100本书"）	9787500688778	23.80
	爱·上课：麻辣教师调教"天下第一班"的教育奇迹（李希贵、窦桂梅推荐）	9787500693383	29.00
	爱·读书（李希贵、窦桂梅推荐，中国版《窗边的小豆豆》，诠释中国教师《爱的教育》）	9787500693918	25.00
	课堂教学/课堂管理		
	中小学生执行力训练手册：教出高效、专注、有自信的学生	9787515335384	33.80
	提高学生学习专注力的8个方法：打造深度学习课堂	9787515333557	35.00
	改善学生学习态度的58个建议	9787515324067	25.00
★	全脑教学：影响全球300万教师的教学指导书	9787515323169	38.00
★	哈佛大学教育学院思维训练课	9787515325101	36.00
	完美结束一堂课的35个好创意	9787515325163	28.00
	如何更好地教学：优秀教师一定要知道的事（被英国教育界奉为圣经的教学用书）	9787515324609	36.00
	带着目的教与学	9787515323978	28.00
★	美国中小学生社会技能课程与活动（学前阶段/1-3年级/4-6年级/7-12年级）	9787515322537等	153.80
	彻底走出教学误区：开启轻松智能课堂管理的45个方法	9787515322285	28.00
	破解问题学生的行为密码：如何教好焦虑、逆反、孤僻、暴躁、早熟的学生	9787515322292	36.00

书名	书号	定价
在普通课堂教出尖子生的20个方法：分层教学	9787515321868	29.90
天天向上：中学教学问题解决手册	9787515321202	29.00
13个教学难题解决手册	9787515320502	28.00
让学生爱上学习的165个课堂游戏	9787515319032	39.00
美国学生游戏与素质训练手册：培养孩子合作、自尊、沟通、情商的103种教育游戏	9787515325156	36.00
老师怎么说，学生才会听（白金版）	9787515312057	28.00
快乐教学：如何让学生积极与你互动（入选《中国教育报》2010年和2011年“影响教师的100本书”）	9787500696087	29.00
老师怎么教，学生才会提问	9787515317410	29.00
快速改善课堂纪律的75个方法（白金版）	9787515313665	28.00
教学可以很简单：高效能教师轻松教学7法	9787515314457	25.00
88种美国中小学经典课堂教学活动	9787515314419	32.00
好老师应对课堂挑战的25个方法（珍藏版）（《给教师的101条建议》作者新书）	9787500699378	25.00
快速调动学生参与的99个方法（被誉为美国调动学生参与最有价值之书）	9787515317069	31.90
好老师激励后进生的21个课堂技巧	9787515311838	23.80
开始和结束一堂课的50个好创意	9787515312071	19.80
培养高情商学生的7堂必修课（新版）	9787500686088	28.00
好老师因材施教的12个方法（美国著名教师伊莉莎白“好老师”三部曲）	9787500694847	22.00
如何打造高效能课堂（美国《学习》杂志“教师必选”奖，“激励教师组织”推荐书目）	9787500680666	29.00
高中课堂管理–行为管理的9项策略（第二版）（被誉为美国“课堂管理圣经”）	9787500695714	29.00
合理有据的教师评价：课堂评估衡量学生进步	9787515330815	29.00
班主任工作/德育		
北京四中8班的教育奇迹	9787515321608	36.00
师德教育培训手册	9787515326627	29.80
打造优秀班级的15个秘密	9787515319117	28.00
设计和管理最优班级实用手册	9787515317731	49.00
好老师征服后进生的14堂课（珍藏版）（美国著名教师伊莉莎白“好老师”三部曲）	9787500693819	25.00
美国最优秀教师的自白（新版）（进入地方学校、教育机构教育用书征订目录）	9787500683001	26.00
优秀班主任的50条建议：师德教育感动读本（《中国教育报》专题推荐）	9787515305752	23.00
来自美国最优秀教师的建议（入选《中国教育报》“2010年影响教师的100本书”）	9787500694427	25.00
班主任一定要面对的9个问题（新版）	9787500672937	22.00
是什么让教师不断进步（升级版）（入选《中国教育报》“2011年影响教师的100本书”）	9787500672401	23.80
优秀教师一定读的60个故事（传达60种爱的教育方式）	9787500696285	25.00
学校管理/校长领导力		
学校管理者如何构建卓越学校	9787515330754	28.00

	书名	书号	定价
	从优秀学校到卓越学校：他们的校长在哪些方面做得更好	9787515325637	33.80
	优秀校长一定要做的18件事（入选《中国教育报》"2009年影响教师的100本书"）	9787500673835	26.00
	构建杰出学校的7个杠杆	9787515324319	39.00
	美国获奖中小学校长的建议（新版）（美国教育界精英校长的经验分享）	9787500675211	29.90
★	如何调动和激励教师（增订版）（入选《中国教育报》2009年和2011年"影响教师的100本书"）	9787500673828	29.00
	如何应对难缠的老师	9787515306315	25.00
★	给校长的127条建议（入选《中国教育报》2010年和2011年"影响教师的100本书"）	9787500694779	23.00
	教师健康的38个细节	9787500673033	22.00
	校长时间管理的9项策略	9787500695851	23.00
	20位美国优秀校长如何创建好学校	9787500695707	23.00
	如何提升学校的内力（升级版）	9787500672159	21.80
	创新型学校：给学校管理者的9个策略（入选《中国教育报》2010年和2011年"影响教师的100本书"）	9787500693628	23.00
	学科教学/教科研		
★	人大附中高考作文取胜之道	9787515320694	33.80
★	人大附中学生这样学语文：走近经典名著	9787515328959	33.80
	让小学一年级孩子爱上阅读的40个方法	9787515307589	30.00
	让学生爱上数学的48个游戏	9787515326207	26.00
★	英美中小学都在玩儿的数学游戏：多少只袜子是一双	9787500688884	25.80
★	优秀小学语文教师一定要知道的7件事（窦桂梅畅销作品）	9787500674139	23.80
	小学语文课例研修的8个实践策略（附赠光盘）	9787515312064	33.00
	名师谈阅读教写作：真正思考语文课的终极目标问题	9787500692966	29.00
★	考拉小巫的英语学习日记：写给为梦想而奋斗的人	9787515303505	25.00
★	如何成为尖子生（新版）（事半功倍的高效学习方法，3小时成为学习高手）	9787500668596	23.00
	情商教育/心理咨询		
	中小学心理教师的10项修炼	9787515309347	36.00
★	别和青春期的孩子较劲（增订版）（入选《中国教育报》"2009年影响教师的100本书"）	9787500676232	28.00
★	100条让孩子胜出的社交规则	9787515327648	28.00
	让孩子幸福一生的30个情绪管理游戏	9787515310947	33.00
	加州大学伯克利分校的10堂幸福教养课	9787515303512	23.00
★	毕淑敏心理咨询手记	9787500682127	25.00
	幼儿园/学前教育		
	幼儿园30个大主题活动精选：让工作更轻松的整合技巧	9787515339627	39.80
★	美国幼儿教育活动大百科：3-6岁儿童学习与发展指南用书·科学	9787515324265	150.00

书名	书号	定价
美国幼儿教育活动大百科：3-6岁儿童学习与发展指南用书·艺术	9787515324289	150.00
美国幼儿教育活动大百科：3-6岁儿童学习与发展指南用书·健康与语言	9787515324296	150.00
美国幼儿教育活动大百科：3-6岁儿童学习与发展指南用书·社会	9787515324272	150.00
蒙台梭利早期教育法：3-6岁儿童发展指南（理论版）	9787515322544	29.80
蒙台梭利儿童教育手册：3-6岁儿童发展指南（实践版）	9787515307664	25.00
自由地学习：华德福的幼儿园教育	9787515328300	29.90
你的水桶有多满（儿童版）	9787515306766	29.00
赞美你：奥巴马给女儿的信	9787515303222	19.90
每天10分钟，发现孩子的6项潜能	9787500679905	24.80
教育主张/教育视野		
如何学习：用更短的时间达到更佳效果和更好成绩	9787515334844	39.80
教师和家长共同培养卓越学生的10个策略	9787515331355	27.00
10天掌握快速阅读	9787515329918	29.90
芬兰教育全球第一的秘密（珍藏版）（《中国教育报》等主流媒体专题推荐，台湾教育类畅销书榜第一名）	9787500687436	28.00
世界最好的教育给父母和教师的45堂必修课（《芬兰教育全球第一的秘密》2）	9787500692423	28.00
杰出青少年的7个习惯（精英版）（中小学图书馆推荐书目、中国青少年必读书目）	9787500649083	28.00
杰出青少年的6个决定（领袖版）（中小学图书馆推荐书目、中国青少年必读书目、全国优秀出版物奖）	9787500672241	28.00
7个习惯教出优秀学生（全球第一畅销书《高效能人士的七个习惯》教师版）	9787500687948	29.00
杰出青少年构建内心世界的5个坐标（中国青少年成长公开课）	9787515314952	59.00
跳出教育的盒子：从优秀到卓越教师的成功策略（美国中小学教学经典畅销书）	9787500689508	35.00
美国最好的中学是怎样的——让孩子成为学习高手的乐园（白金版）	9787500685838	28.00
夏烈教授给高中生的19场讲座（入选《中国教育报》“2013年最受教师欢迎的100本书”）	9787515318813	29.90
学习之道：美国公认学习第一书	9787500679240	28.00
翻转学习：如何更好地实践翻转课堂与慕课教学	9787515334837	32.00
翻转课堂与慕课教学：一场正在到来的教育变革	9787515328232	26.00
奇迹学校：震撼美国教育界的教学传奇	9787515327044	36.00
学校是一段旅程:华德福教师1-8年级教学手记	9787515327945	32.00
高效能人士的七个习惯（全球头号畅销书）	9787500649038	49.00
盖洛普优势识别器2.0：《现在，发现你的优势》升级版	9787515308036	68.00
快乐山巅：从亿万富翁到优秀教师	9787500695189	20.00